내 고향
천변 긴 언덕에
더 머물다 가고 싶다

미래를 심는 땅, 우리 시대 농촌 읽기

내 고향 천변 긴 언덕에 더 머물다 가고 싶다

전성군 지음

이담
Books

프 롤 로 그

심훈 선생님의 「상록수」라는 소설이 있습니다.

동혁과 영신이라는 젊은 두 주인공이 고향으로 돌아가 농촌을 계몽하기 위하여 노력합니다. 두 주인공의 순수하고 헌신적인 모습은 일제 치하의 어두운 현실 속에서 새로운 희망의 모습으로 많은 사람들에게 용기를 줍니다.

내 자신이 용기가 없어지고 불만이 많아질 때, 내 자신을 돌아보면 몇 가지 문제점이 확인됩니다. 첫째, 문제가 무엇인지를 정확하게 파악하지 못했습니다. 둘째, 문제가 생기면 그 원인을 외부에서 찾고 다른 사람이나 세상을 탓했습니다. 셋째, 비효과적인 해결방법을 반복해서 사용했습니다. 이는 나뿐만 아니라 주변의 다른 사람들에게서도 공통적으로 관찰되는 현상일 것입니다. 그래서 용기가 필요합니다.

때맞춰 농촌에는 역풍과 순풍이 불고 있습니다. 역풍은 국제화에 대한 압력과 고령화 바람이고, 순풍은 농촌어메니티 바람입니다. 농촌어메니티 향상이란, 어설픈 도시를 흉내 내는 난개발이 아니라, 자연 그대로의 농촌다움을 살림으로써 농외소득원을 창출하는 다기능적 가치 발굴 방식입니다. 따라서 농촌이 지닌 어메니티 자원(환경, 생태, 음식, 전통문화 등)을 활용하여 1차 산업과 2, 3차 산업을 연계한 6차 산업의 관점에서 지역 발전을 추진해야 할 시기입니다. 현대의 도시민들이 추구하는 여가문화의 특성을 이해하고 그에 맞는 도시인 유치 전략을 세우고 실행할 수 있는 농촌어메니티 향상이 과제입니다.

이 책은 필자가 최근 현장의 시각에서 본 농촌의 비전에 대한 글을 틈틈이 써 왔던 내용입니다. 아울러 미래의 땅—농촌을 소개하는 새로운 한 편의 상록수 이야기이기도 합니다.

결과를 바꾸고 싶다면 반드시 원인을 바꾸어야 한다는 말이 있습니다. 지금까지의 삶이 기대와는 정반대로 전개되고 있다고 해서 항상 180°의 전환이 필요한 것은 아닙니다. 오히려 1°의 관점 전환과 1%의 행동 변화만으로도 충분한 경우가 더 많습니다. 운전이나 사격을 해 본 사람이라면 각도를 1°만 바꾸어도 도착지점이 완전히 달라진다는 사실을 잘 알 것입니다. 아무쪼록 이 책이 농촌세상을 보는 또 다른 눈을 가질 수 있는 계기가 되어 우리 농촌 발전의 디딤돌이 돼 줄 것을 희망합니다.

2011년 8월
전성군 올림

 … 목 차

제3부 체험별곡

제 1 부

고향별곡

내 고향 천변 긴 언덕에 더 머물다 가고 싶다

꽃샘추위가 그치면
내 고향 천변 긴 언덕에
새하얀 벚꽃길이 짙어 오것다.

핑크빛 꽃우물길
맑은 하늘에
사람들만 무어라고 지껄이것다.

정읍천변에 벚꽃이 환하다. 4월의 신부처럼 순백의 화사한 자태, 새하얀 벚꽃이 활짝 벌어졌다. 하얀 눈을 담뿍 안고 있는 나비 같다. 낮의 벚꽃은 화사한데 밤의 벚꽃은 섹시하다. 사랑의 쓰라림 때문에 괴로워 죽고 싶은데 정읍천변의 벚꽃은 밤이면 밤마다 예쁘게만 피어나 탐미적인 밤을 만들어 낸다.

인간사 우여곡절과는 상관없이 벚꽃은 순수한 그 자태다. 벚꽃 사이로 유모차를 몰고 가는 젊은 부부를 본다. 그들이 터뜨리는 웃음을 보고 문득 나와 다른 세계에 사는 사람인 듯한 생각이 든다. 시인 황지우는 벚꽃을 튀밥으로 은유했다. 시인의 말처럼 팝콘을 튀겨 붙여놓은 것 같기도 하다. 고단한 삶일지라도 정읍천변에 하늘하늘 피어나는 벚꽃계절이 온다는 것은 정읍 사람들의 축복이라고 시인은 말하는 듯하다.

> 펑! 튀밥 튀기듯 벚나무들
> 공중 가득 흰 꽃팝 튀겨놓은 날
> 잠시 세상 그만두고
> 그 아래로 휴가갈 일이다. (중략)
> 팝콘 같은 이 세상 한때의 웃음
> 그들은 더 이상 이 세상 사람이 아니다
> 내장사 가는 벚꽃길 어쩌다 한순간
> 나타나는 딴 세상 보이는 날은
> 우리 여기서 쬐끔만 더 머물다 가자.
> (황지우, <여기서 더 머물다 가고싶다> 중에서)

시인이 내장산 가는 길에 벚꽃 길을 걸었던 모양이다. 벚나무 새하얀 꽃봉오리가 튀밥장수들의 장난처럼 주렁주렁 달려, 벌들이 꽃을 찾아 날아든다. 벚꽃 길을 걷는 여인네의 옷도 벚꽃처럼 흰 블라우스를 입었다. 꽃그늘 아래 아른거리는 예쁜 블라우스가 보일락 말락 한다. 시인이 세상을 보는 눈은 고단해 보인다. 어느 봄날, 벚꽃이 만개하고 사람들이 한가로이 소풍을 나온 정경을 보며, 세상 사람들이 아닌 것 같다고 말한다. 천국인 양 너무 아름다워 보였나 보다. 이 고달픈 지상에서 아마 천국이란 얼굴이 잠시 고개를 내밀었는지도 모를 일이다. 그래서 시인은 말한다. 딴 세상이 보이는 날은 잠시 쬐끔만 더 머물다 가자라고⋯⋯.

혹자는 서정주를 하나의 '정부'로 표현한 것에 빗대어 황지우를 하나의 '혁명정부' 혹은 '망명정부'라고 지칭하기도 한다. 80년대 그리고 현재에 이르기까지 한국 현대문학사의 궤적 속에서 '모더니즘', '형태파괴', '해체주의'라는 이름 아래 황지우의 시는 커다란 영향력을 발휘한다. 특히 그의 시는 '시 형태 파괴'라는 점에서 주목할 만하다. 정치성, 종교성, 일상성이 골고루 들어 있으며 시적 화자의 자기부정을 통해 독자들에게 호탕하되 편안한 느낌을 준다. 또한 1980년대 민주화 시대를 살아온 지식인으로서 시를 통해 시대를 풍자하고 유토피아를 꿈꾸었다. 시인은 근본적으로 아름다운 것을 좋아하는 분 같다. 그래서 벚꽃이 좋은 게다. 다행히 정읍천변에는 꽃처럼 아름다운 사람들이 많이 붐벼 시인에게 즐거움을 준 것 같다.

어제 실제로 딴 세상 같아 보이는 벚꽃 나무 밑에 있었다. 가족끼리, 연인끼리 걷는 풍경을 보니 정말 아름다웠다. 풍경이 스스로 아름다운건지, 내 마음 속에 그 풍경이 '피어난'건지 알 수는 없지만, 덕분에 어제는 벚꽃 풍경에 푹 **빠졌다.**

정읍엔 벚꽃 길은 천변을 따라 내장산가는 길목으로 이어진다. 벚꽃 길을 걷다 보면, 정읍천변은 정말 딴 세상 같다. 오늘은 봄비가 내린다. 꽃잎들이 하나둘 바닥에 떨어지고 있다. 하지만 희망이 있다. 그 대신 그 무엇에도 비길 수 없는 어린잎들이 연둣빛을 띠고 그 자리를 채울 것이기 때문이다.

함박눈이 쌓인 것처럼 하얀 꽃으로 물들인 정읍천변을 걷다 보면, 일급수를 자랑하는 내장산에서 흘러나오는 물길들이 모여든다. 일급수를 자랑하는 물속에는 피라미를 비롯한 다양한 어종들이 서식하고 있다.

또한 정읍천변은 전국 제일의 아름다운 곳으로 선정되어 정읍시민들이 조깅과 함께 족구, 인라인, 농구, 게이트볼 등 건강을 위한 운동을 할 수 있도록 조성되어 있고 휴식공간도 제공한다.

나도 한 송이 벚꽃을 피우고 싶다. 금세 거실 화분에 꽃 우물을 주었다. 벚꽃을 닮은 흰 꽃이 곧 피어날 것이다. 아름다운 정읍을 닮은 꽃, 시들지 않는 정읍 사람들의 꿈을 닮은 꽃, 이처럼 식물적인 상상력이 정읍의 꽃 우물이 되고, 희망이 되고, 생명 그 자체가 될 것이다. 시인의 말대로 삶은 곳곳에서 모세혈관처럼 인연이 이어져 있어 벚꽃을 만나게 되니 즐거울 뿐이다. 하지만 조금은 슬프다.

이제 며칠밖에 볼 수 없는 벚꽃이다. 하지만 피어 있는 모습도 아름답지만 하늘에 눈꽃송이 떨어지는 것처럼 벚꽃이 지는 모습 또한 아름다울 것이다.

현존하는 유일의 백제가요, 정읍사의 비밀

정읍의 겨울은 백제 여인의 고향이다.

"둘하 노피곰 도두샤, 어긔야 머리곰 비취오시라. 어긔야 어강됴리/ 아으 다롱디리/져재 녀러신고요.(중략)" 정읍사(井邑詞)는 현존하는 유일의 백제가요이며 한글로 기록되어 전하는 가요 중 가장 오래된 것이다. 내용은 행상 나간 남편이 돌아오지 않으므로 산 위의 돌에 올라 먼 곳을 바라보며 남편이 밤길에 무사하기를 바라는 아내의 간절함이 묻어난다. 세상에 전하기는 고개에 오르면 남편을 바라보는 돌이 있었다고 한다. 그곳에서 우리는 지고지순(至高至純)한 여인이 된다. 바람이 씽씽 부는 몹시 추운 날 나뭇가지 끝에 달려 있는 눈꽃은 우리들 가슴에 눈같이 순수함을 외치며, 망부상 여인이 전북과학대를 머리에 이고 있는 캠퍼스 은빛세계로 인도한다.

내장산 설경을 닮은 할머니의 새하얀 미소가
떨어지고

눈 내리는 날이면 오래도록 생각날 사람이 있다.

70살이 훨씬 넘어 보이는 친근한 느낌의 할머니가 그 주인공이다.

정읍으로 이사 오던 날, 그날도 오늘처럼 함박눈이 소복하게 내렸다. 왠지 그날의 상황이 더 생생하게 떠오른다.

오피스텔에 살다 보니, 주차장 한편에는 매일 빈 박스가 많이 쌓인다.

그러나 이 빈 박스는 재활용이 되기 때문에 박스가 쌓이기 무섭게 여러 사람들이 서로 가져가려 한다.

어느 날, 70세가 훨씬 넘어 보이는 할머님이, "이거 가져가도 되요" 하며 굉장히 미안한 표정을 하시기에, 주인을 대신해서 "물론이지요. 가져가셔요"라고 대답했다.

빈 박스를 가져가는 대부분의 아주머니나 아저씨는 내놓기 무섭게 고맙단 말도 없이 가져가는데, 이 할머님은 주위까지 말끔하게 청소하고 가져가셨다. (더구나 몸이 쇠약해 많이 가져가지도 못하셨는데……) 난, 박스 하나라도 감사히 생각하는 할머니의 모습에 감동했다. 그리고 그 행복한 웃음이 내장산 설경을 닮았다는 생각을 했다. 그런데 그 이후론 할머니를 통 볼 수가 없다. 올겨울에도 눈이 많이 온다고 한다.

겨울의 내장산에는 유별나게 눈이 많이 내린다. 중국에서 발달한 한랭전선이 서해 상공의 따뜻한 기류의 영향을 받아 눈구름으로 변하면서 서해안 내륙으로 진입하고 내장산에 막혀 엄청난 양의 눈을 뿌린다. 해마다 연초에는 60㎝가 넘는 적설량을 기록해 입산을 통제할 정도이다. 눈이 많은 내장산은 단풍철의 혼잡과 달리 천년 사찰 내장사와 부속암자인 벽련암·원적암·도덕암 등 풍경소리만 고요를 깨는 설국이 된다. 빨간 단풍에 취한 행락객이 시끌벅적했던 가을 내장산이 하얀 소복 차림의 단아한 모습으로 변신한다.

　노산 이은상은 <내장산>이라는 시에서 "내장산 골짜구니 돌벼래 위에/불타는 가을단풍 자랑말아라/신선봉 등 너머로 눈 퍼붓는 날/비 자림 푸른 숲이 더 좋다구나"라고 했다. 가을 단풍이 좋으면 봄 신록도 좋은 법. 밑에서 싹을 틔운 잎사귀는 점점 위쪽으로 매서운 속도로 초록으로 갈아입는다. 이 잎사귀는 가을이면 진홍색 물감을 뿌리면서 사람들을 유혹할 것이다. 연두색 산줄기 위에는 소나무 몇 그루에 의존한 능선이 뒤태를 고스란히 드러내고 있다. 정읍시 남쪽에 자리 잡고 있는 내장산은 순창군과 경계를 이루는 해발 600~700m급의 기암괴석이 말발굽형의 능선을 그리고 있다. 원래 이름은 영은산이었는데, 촘촘히 굴곡진 계곡이 양(羊)의 창자와 비슷해 많은 인파가 몰려와도 계곡 속에 들어가면 잘 보이지 않아, 마치 양의 내장 속에 숨어 들어간 것 같다 하여 내장산으로 불리게 됐다. 「동국여지승람」에는 남원 지리산, 영암 월출산, 장흥 천관산, 부안 능가산과 함께 호남의 5대 명산으로 꼽힌다. 최고봉인 신선봉(神仙峰·763m)을 주봉으로 서래봉, 연지봉, 연자봉, 장군봉 등이 내장사를 병풍처럼 둘러싸고 있으며 내장사, 원적암, 벽련암 등 크고 작은 사찰이 있다. 내장사 북쪽의 기묘한 바위봉우리는 서래봉(西來峰)으로 논과 밭을 고르는 옛 농기구인 써레를 닮았다고 해서 써래봉이라고도 한다. 약 1.1㎞의 기암괴석이 뾰족뾰족 솟아 있어 눈길을 끈다. 신선봉은 봉우리가 수려하고 계곡이 깊고 아름답다. 불출봉(拂出峰)은 어느 신선의 신비한 옷자락인 양 자욱이 깔려 있는 구름 안개로 유명하다.

그곳에서 우리는 더 깊이 사랑한다. 하늘에서 하얀 눈꽃송이를 은 빛 나뭇가지 꼭대기에 내려 주시는 겨울을 만드는 신선이 싸늘한 우리 마음의 들판에 사랑의 씨앗을 뿌려 주고 있다.

또 산속에 숨겨진 것이 무궁무진하다 하여 이름 붙여진 내장산(內 藏山). 가을이면 온통 선홍빛 단풍으로 지천을 물들이는 내장산은 찾는 이의 가슴에 진한 추억을 남긴다. 그곳에서 우리는 더욱 깨끗해진다. 하늘에서 눈꽃 천사들이 바람타고 쏟아져 내려와 파르르 떠는 나뭇가지에 살짝 옷을 입혔다. 온 동네가 천사가 그려 낸 그림 같다. 특히, 이 겨울에는 바위·절벽을 감싸고도는 아름다운 설경이 오가는 사람들을 감동시킨다. 새하얀 설산(雪山)은 현대인의 눈과 마음을 동시에 빼앗음으로써 삶의 속도를 선택할 수 있게 한다. 그래서 속도는 자신이 선택하는 것임과 자신이 선택한 속도에 따라 세상이 달라질 수 있음을 깨닫게 될 것이다.

어머니 품 속 같은 겨울 굴거리나무 아래 덥석 누워 있다 보면 바람 지나가는 소리가 사람들 지나가는 소리만큼이나 선명하게 들리고, 머리 위로 보이는 굴거리나무 가지에는 하얗게 불태우는 은빛향연이 세속에 찌든 귀를 맑게 씻어 준다. 그리고 나무 꼭대기 위에선 내장산 설경을 닮은 할머니의 새하얀 미소가 뚝뚝 떨어지고 있다.

수제천[壽齊天]의 효시 〈정읍사〉를 아세요?

　정읍시의 대표적 문화제 중의 하나인 '정읍사'는 백제 멸망과 부흥을 위한 싸움이 한창이던 중 소금 행상인 남편이 백제군에 징발당하자, 한 여인이 사랑하는 임을 기다리다 망부석이 되었다는 슬픈 사랑

이야기를 토대로 만들어졌다. 이런 '정읍사'가 민중에 전파되어 수제 천의 연원이 되었다는 사실을 아시나요?

수제천(壽齊天)은 아악(雅樂)에 속하는 국악합주곡이다. 예컨대 우리 아악곡의 백미로 평가되고 세계 민속학 경연에서 최고상을 수상한 수제천은 유장하고 화려한 궁중음악으로 선비들이 즐기던 정악이다. 이런 정읍사가 민중과 궁중에 전파되어 수제천의 연원이 되었다. 그 래서 수제천을 정읍(井邑) 또는 빗가락정읍[橫指井邑]이라고도 부른다.

또 수제천은 처용무(處容舞)의 반주음악으로 쓰이고 있어 신라 때 의 작품으로 보기도 하나, 고려 때 발생한 무고(舞鼓)춤에 쓰였던 점 으로 미루어, 고려 이후의 음악으로 보는 이가 많다. 수제천을 고려 이후에 속하는 음악으로 보는 데는 3가지 이유가 있다. 첫째, 정읍사 에 있어서 전강·후강·과편과 같이 세 틀로 된 형식은 신라 시대라 기보다 고려 시대에 형성된 형식이라고 할 수 있다.

둘째, 이 노래는 고려 때 발생한 무고(향악정재에 속하는 것으로 가운데 무고라는 북을 놓고 8명의 무원(舞員)이 여러 모양을 짜 가며 추는 궁중무용)를 출 때 부르던 노래였다.

셋째, 과편에 나오는 김선조의 김선은 고려 고종 때 비파를 잘 타 기로 유명한 실존인물이다(한림별곡 전 8연 중 제6연에 근거).

따라서 위의 여러 가지 점을 종합하여 볼 때 수제천은 고려 이후에 속하는 음악이라고 할 수 있다. 수제천은 이렇게 고려시대부터 무고 정재를 출 때 정읍사를 노래하던 곡이었으나, 조선시대에는 왕세자의 거동이나 춤반주 등 궁중의 의식음악으로 사용되면서 기악곡화되었다가 현재는 무용 반주음악보다는 순수 기악 합주음악으로서 면모가 더 부각되고 있다.

수제천은 일반적으로 향피리가 굳세고 굳은 음색으로 주선율을 시작하면 대금이 유유히 따르면서 피리와 대금이 교대로 주고받는 연음형식의 곡이다. 수제천은 특히 박자가 없는 '프리(free)박자'곡인데 외국인들은 어떻게 서로 박자를 맞출까 하고 신기하게 여긴다. 마치 수제천을 듣고 있으면 하늘로부터 영묘한 기운이 온몸에 스며 옴을 느끼게 한다. 전체가 4장 20장단으로 구성되어 있으며, 남려(南呂)가 기음이 되는 남려계면조(南呂界面調)로 남(南:C), 태(太:F), 고(姑:G), 임(林:B♭)의 4음 음계이다. 악기 편성은 당초 삼현육각(三絃六角)인 향피리 2, 젓대 1, 해금 1, 장구 1, 좌고 1 등 6인 편성이었으나 지금은 장소나 때에 따라 아쟁·소금이 첨가되는 등 악기 수에 제한을 받지 않는다. 왕세자의 거동 때 등에 쓰였기 때문에 일정한 박자가 아닌 자유로운 리듬으로 진행되는 불규칙장단이며 그 한배(빠르기)가 대단히 완만하나 장중하기 이를 데 없는 아악곡의 백미라 할 수 있다.

상당수의 국악곡은 장단을 짚으면서 감상해 보는 것이 좋다고 사료되나, 수제천의 경우에는 느린 템포와 불규칙적인 장단 때문에 박자를 짚는 것에 열중하여 곡을 듣다 보면 오히려 흐름을 파악하기가 어렵다. 따라서 관악기의 호흡법에 맞추어 자연스레 선율의 진행을 따라가며 감상하는 것이 좋다. 피리의 힘찬 선율 진행을 위주로 하여, 끊어질 듯하면서도 다시 힘차게 이어 가는 대금과 해금, 그 사이를 화려하게 장식해 주는 소금, 그리고 곡 전체를 받쳐 주는 낮은 소리의 아쟁 등을 개별적으로 혹은 종합적으로 들어 보는 것이 곡을 이해하는 데 도움이 된다.

우리가 수제천을 들을 때 각자의 음들이 살아서 움직이는 듯한 느낌을 받는데 이것은 음을 하나의 음정에 고정시키지 않고 다양하게 변화시키는 데서 비롯된다. 즉 음을 끌어 올리거나 내리고 큰 폭으로 떠는 등 특유의 독특한 표현기법이 사용되는 것이다. 수제천을 빛내 주고 있는 또 하나의 요소는 고도로 발달된 장식음의 사용이다. 각 악기들이 서로 다르게 연주하는 화려한 장식음은 가히 장관을 이루면서 음악에 색채를 더해 준다.

국악 정악의 백미(白眉)이자, 국악의 대표적인 관악합주곡인 <수제천>이 요즘 학교에서 음악시간 가장 인기 있는 교수학습지도안으로서 뜨고 있다.

<수제천> 음악을 들을 수 있는 장이 늘어난다는 것은 그만큼 정읍시의 역사적 위상이 커지고 있다는 뜻이다. 나아가서는 아이들이 평소 잘 듣지 못하던 국악을 접하게 하면서 국악을 듣는 귀를 차츰 열 수 있도록 도와주고 아이들이 국악에 좀 더 관심을 가질 수 있도록 촉매제 역할을 해 준다는 데 정읍시민으로서 강한 자부심을 가져도 좋을 듯하다.

고현동 향약은 상춘곡을 싣고

-씨앗으로 다이아몬드를 만들어 낸 고현동 향약-

　한 남자가 꿈속에 정읍 신시장[井邑第二市場]에 갔다. 새로 문을 연 듯한 가게로 들어갔는데, 가게주인은 다름 아닌 하얀 날개를 단 천사였다. 그 남자가 이 가게엔 무엇을 파는지 묻자 천사가 대답했다. "당신의 가슴이 원하는 건 무엇이든 팝니다." 그 대답에 너무 놀란 그 남자는 생각 끝에 인간이 원할 수 있는 최고의 것을 사기로 결심하고 말했다. "마음의 평화와 사랑, 지혜와 행복, 그리고 두려움과 공포로부터 자유를 주세요." 그 말을 들은 천사가 미소를 지으며 말했다. "선생님 죄송합니다. 가게를 잘못 찾으신 것 같군요. 이 가게엔 열매는 팔지 않습니다. 단지 씨앗만을 팔 뿐이죠."

숯과 다이아몬드는 그 원소가 똑같은 탄소라는 것을 아시는지요? 그 똑같은 원소에서 하나는 아름다움의 최고 상징인 다이아몬드가 되고, 하나는 보잘것없는 검은 덩어리에 불과하다는 사실을!

정읍에 가면 단지 씨앗만으로 다이아몬드를 만들어 낸 사회규범이 있다. 이름 하여 고현동 향약이다. 향약의 창시자인 정극인은 70세의 고령으로 관직을 사임하고 처가인 고현내(古縣內)로 이사하여 안빈낙도 생활을 직접적으로 표현한 상춘곡(賞春曲)을 남겼다. 지금도 정읍시 칠보면 시산리에 그의 공적을 기리는 비(碑)가 서 있다.

멀리서 상춘곡이 들린다. 상춘곡! 듣기만 해도 설레는 말이다.

> 홍진(紅塵)에 뭇친 분네 이내 생애(生涯) 엇더한고
> 녯 사람 풍류(風流)를 미칠가 못 미칠까. (중략)
> 엊그제 겨을 지나 새 봄이 도라오니
> 도화행화(桃花杏花)는 석양리(夕陽裏)예 퓌여 잇고
> 녹양방초(綠楊芳草)는 세우중(細雨中)에 프르도다.
>
> (상춘곡 중에서)

상춘곡 속으로 향약이 흐른다. 이른바 고현동 향약이다.

태인 고현동 향약은 현재 정읍시 칠보면 시산리에서 행한 향약을 말한다. 시산리 일원은 옛 태산현의 읍터로서 관아가 오늘날의 태인 지방으로 옮겨 간 뒤론, 속칭 고현대라 불리는 칠보면의 문화, 교육, 행정, 교육의 중심지이다. 이곳은 아름다운 승경처가 많다는 자연지리적 요인과 일찍이 신라 시대에는 고운 최치원 선생, 조선조에 들어

와서는 불우헌 정극인 선생, 눌암 송세림 선생 등 대유학자요 문장가들이 태어났거나 혹은 만년에 정착한 곳이라는 역사적 전통이 어울려 누정, 서원, 정각, 모정 등이 집중적으로 분포되어 있어, 속칭 정읍의 경주(慶州)라 일컬어진다. 보물 1181호 '태인 고현동 향약' 문헌(총 29책)은 조선 선조 때부터 1977년까지 약 400년간 마을의 상부상조 전통을 담아낸 자료다. '상춘곡'의 작가 정극인이 창설한 고현동 향약은 퇴계 이황이나 율곡 이이가 만든 향약보다 90년이나 앞선 우리나라 최초의 향약이다. 미풍양속의 근본이며 주민자치(住民自治) 사회규범(社會規範)으로서 우리나라 최초이면서 지금까지 지속되고 있다.

그 후 30년이 지나서 1500년(中宗 5年, 庚午)에 일찍이 이조좌랑(吏曹佐郎)을 지낸 눌암 송세림(訥庵 宋世琳)이 고향에 돌아와서 정극인의 향약을 중흥시켜 강당(講堂)과 동서재(東西齋)를 세워 젊은이들을 가르쳤다.

오랜 세월이 지나 향약(鄕約)이 침체되자 1724년(景宗 4년 甲辰)에 뜻있는 동네 노인들의 마련으로 양사제(養士齋)를 만들었으며 영조(英祖) 40년경에는 현감 조정(縣監 趙趕, 호는 柱湖)이 이를 남학당(南學堂)이라 하여 보수(補修)하였다.

이로부터 120년이 지난 뒤 남학당이 퇴폐되니 1844년(憲宗 10년, 甲辰) 송언호(宋彦浩, 宋世琳의 九世孫), 김구흠(金龜欽, 金世의 七世孫) 등이 주동이 되어 10년에 걸쳐 중건(重建)하니 그때가 철종(哲宗) 5년이었다.

이때부터 남학당은 동각(洞閣)으로 불리고 완전히 동약(洞約)의 전당으로 되었으며 무성서원은 교육기관의 일을 맡았기 때문에 남학당은 교육과 동약의 실천을 위한 동각의 구실을 했던 것이다.

지금의 건물은 1873년(高宗 10년)에 중건(重建)한 것이다.

1475년(哲宗 6년)에 정극인의 동약은 30년 뒤에 송세림이 정비하고 여러 차례에 걸쳐 증보(增補)하여 현재의 고현동약지(古縣洞約誌)가 계속되고 있다.

인생을 살아가는 데 있어서 신은 인간에게 공평하다고 본다. 어느누구에게도 씨앗은 똑같이 주어지지만 그것을 다이아몬드로 만드느냐, 숯으로 만드느냐는 자신의 선택에 달려 있다. 또한 인생은 다이아몬드라는 아름다움을 통째로 선물하지 않는다고 본다. 단지 가꾸는 사람에 따라 다이아몬드가 될 수도 있고, 숯이 될 수도 있는 씨앗을 선물할 뿐이다.

그런 의미에서 칠보는 정읍의 알프스다. 칠보는 정읍의 보배를 넘어 전북의 보배 그리고 대한민국의 보배다.

동학농민혁명의 역사적 의미, 두승산은 알고 있다

〈두승산 정상에서 바라본 두승산성 풍경〉

　호남선 열차 안에서 정읍을 지날 때 서쪽에 홀로 솟아 있는 산 하나를 보게 된다. 제법 우람하고 활처럼 휘어진 산등에 여러 개의 봉우리가 있는 그 산이 사백고지의 두승산이다. 정읍의 두승산은 고부면에 위치하고 있다. 어린 시절 배웠던 동학혁명의 최초 발생지이다. 이곳을 지날 때면, 내내 어릴 적 즐겨 부르던 녹두장군 전봉준에 얽힌 노랫가락과 함께 수백 년 전 동학농민들의 함성이 들려오는 듯하다.

새야, 새야 파랑새야!
녹두밭에 앉지 마라, 녹두꽃이 떨어지면, 청포장수 울고 간다.

1894년 동학농민혁명은 고부군수 조병갑의 심한 수탈로부터 비롯
되었다. 이에 격분한 농민들이 전봉준을 중심으로 들고 일어났다. 만
석보, 황토현, 농민혁명의 리더인 전봉준 장군의 옛집 등 동학농민운
동과 관련이 있는 유적들이 모두 두승산 주변에 있다. 1894년 1월 고
부(古阜)에서 시작된 동학농민혁명은 한국의 근·현대사를 결정지은
역사의 일대의 사건이자, 봉건적 사회질서를 타파하고 외세의 침략을
물리치기 위해 반봉건·반제의 기치를 높이 세운 우리 역사상 가장
최대이자 최초의 민중 항쟁이었다. 그런데 1894년에 동학교도들을 중
심으로 하여 일어났던 일련의 역사적 사건을 가리키는 명칭이 여러
가지로 혼용되고 있어 이 방면에 관심이 별로 없는 사람들에게 적잖
은 혼란을 주고 있다. 심지어는 학교교육에서 조차 정치적 이해관계
에 따라 명칭이 동학란, 동학혁명, 동학운동 등 여러 차례 바뀌어 왔
다.하지만 이러한 동학농민혁명의 역사적 의미는 무엇이었는지, 그리
고 100년이 더 지난 지금 그 역사는 우리에게 어떤 의미를 주는지?
두승산은 잘 알고 있다.

정읍 두승산은 호남의 삼신산 중의 하나다. 이는 호남정맥에서 갈
라져 나간 하나의 산줄기가 호남평야로 뻗어 들어가서 일군 산이다.
두승산은 서로 흐르는 고부천과 동으로 흐르는 정읍천의 분수령이
되며 정읍시의 용계동 흑암동, 고부면 덕천면의 경계에 있다. 두승산
의 남쪽 기슭에 있는 양택 선인좌부(仙人坐部)라는 대지는 문천무만
(文千武萬) 장상부절지지(將相不絶之地), 곧 문무 대관이 수없이 나오고

장수와 정승이 끊이지 않는다는 호남 제일의 명당이었다. 그 연유로 한때는 많은 부자들이 이곳에 자리 잡으려고 모이기도 했다.

두승산은 풍수지리에 있어서의 명산일 뿐만 아니라, 경관이 좋은 비래산이라 할 수 있다. 특히 북으로 넓고 넓은 호남평야를 조망하는 멋이 참으로 좋다. 또한 남으로 호남정맥의 뭇 산들이 바라보이고, 서로는 변산만과 서해의 칠산 앞바다를 조망할 수 있다.

두승산은 남동에서 북서쪽으로 여러 개의 봉우리를 일구어 길게 뻗쳐 있으며 동서로 가파른 비탈을 이루고 있다. 그래서 바위가 많은 등성이는 날카롭고 바위로 된 봉우리의 경관이 좋다. 온 산에 소나무가 많고 숲이 짙다. 산 곳곳에 키가 큰 산죽밭이 있는 것도 다른 산과 다른 점이다. 두승산 머리의 이마라 할 수 있는 높은 돌출부에 규모가 큰 유선사가 있는 것도 다른 곳에서는 볼 수 없는 점이다.

지금은 두승산이 고부와 덕천, 그리고 정읍의 경계로 되어 있지만 옛날에는 두승산 일대가 모두 고부군 땅이었다고 한다. 고부군은 18개 면을 다스릴 만큼 큰 고을이었다. 그리고 고부 관아에서 도량형의 기준을 확실하게 하기 위하여 표준이 될 말과 되(말과 되의 양)를 고부군의 진산이며 중심지인 두승산 말봉(상봉 남쪽 봉우리)의 바위에 만들어 놓은 것이 두승산 이름의 유래가 된 것이다. 두승산성은 유선사에서 말봉과 남쪽 끝봉에 이르는 주능선과 서쪽의 나지막한 노적봉 사이의 넓은 골짜기 입석리 쪽에 있고, 산 동북쪽(덕천면 상학리)에 천주교의 공소가 있었던 곳으로 여겨지는 학령굴이 있다. 그 밖에 이 산에는 유선사 외에도 두승사, 보문사 등 절이 있으며, 만수동 상만 마을에는 남방식 고인돌 15기가 있다. 또 상만 마을 골짜기 위에는 절터와 자연석으로 만들어진 물통이 있으며, 절터 주변에는 넓은 비탈에 푸른 차나무가 저절로 자라고 있다. 동학혁명 황토현 전적지 (정읍시 덕천면 하학리)와 전봉준 옛집은 빼놓을 수 없는 명소다. 녹두장군의 옛집을 한 바퀴 둘러본 후 두승산 정상을 오르는 걸음 내내 서울로 가는 녹두장군의 그 맑은 마지막 물빛―눈물이 강물 되어 흐르고 있다. 다시 한 번 눈 내리는 만경들에 떠가는 '해진 짚신 상투 하나'의 실루엣을 떠올려 본다.

> 눈 내리는 萬頃 들 건너가네
> 해진 짚신에 상투 하나 떠가네
> 가는 길 그리운 이 아무도 없네
> 녹두꽃 자지러지게 피면 돌아올거나
> 울며 울지 않으며 가는
> 우리 琫準이
> 풀잎들이 북향하여 일제히 성긴 머리를 푸네.
> 서울로 가는 전봉준 중에서……(중략)

scene 7

고향의 향기를 찾아 해 지는 쪽으로 가고 싶다

　인생은 추억의 한 조각이다.

　아무리 힘든 일을 겪더라도 지나고 나면 빙그레 웃음이 먼저 나오는 것이 사실이다. 부모님한테 야단맞은 일, 성적표를 고쳤다가 들통이 났던 일, 학교 유리창을 깨고 도망쳤던 일, 여학생들이 가지고 놀던 고무줄을 끊었다가 혼이 났던 일 등. 당시에는 그 하나의 사건만을 가지고도 세상이 다 꺼져 버릴 듯이 한숨을 내쉬었다. 하지만 지나고 나면 아무것도 아닌 것이 된다. 그저 안줏거리가 될 뿐이다.

　하지만 박정만 시인은 이런 것들을 안줏거리로 삼지 않았다. 담담

한 어조로 이야기한다. 함부로 흥분을 하지 않는다. 자신의 기억 속에 있는 추억의 시어들을 차분히 꺼내 보인다. 그것은 마치 사진처럼 정지해 있다. 하지만 정지해 있는 그 순간은 마치 현실처럼 생생한 느낌으로 전달된다.

> 해 지는 쪽으로 가고 싶다
> 들판에 꽃잎은 시들고.
>
> 나마저 없는 저쪽 산마루.
> 나는 사라진다.
> 저 광활한 우주 속으로,
>
> (박정만 시인의 <해지는 쪽으로> 중에서)

열흘 동안 소주 200병을 마시고, 열흘 동안 시 500편을 쓰기 위해 생애의 말미에 열흘을 아껴 두었던, 시인 박정만,
그분이야말로 정읍이 낳은 천재시인이었다.

이 시는 박정만 시인의 자화상 같다.
여기서 해 지는 쪽은 서쪽을 말할 것이다.
해가 지는 서쪽, 왜 그 쪽으로 가고 싶어 했을까,
아마도 서쪽으로 해가 지는 것처럼 시인도 그렇게 서서히 조용하고 아름답게 지고 싶었던 게 아닐까?
아니면 꽃잎의 시듦으로 시인 자신의 생이 거의 다 했다는 걸 비유한 것일지도 모른다. 오죽했으면, '광활한 우주' 속으로 거처를 옮겼을까,

그는 거기서나마 폭력으로부터 비로소 온전히 벗어나게 된 것일지도 모른다. 그러나 그의 이런 죽음을 보면서, 우리 정읍 사람들은 여전히 아프고 안타깝다. 그리고 그의 빈자리가 자꾸만 눈에 찔린다.

진정 많이 슬프고 가슴이 무너지는 것 같다.

그는 고향을 사랑하는 시인이었으며, 그는 한 가정의 따스한 가장이었다. 그래서 그의 시에 나타나는 고향은 생긴 그대로 아늑하다. 그가 열다섯 살이 되던 해 고혈압으로 쓰러진 어머니의 죽음이 그의 사춘기를 암울하게 했다고 하지만 그의 많은 시편에 나타나는 고향은 아늑하고 넓은 공간으로 자리하고 있으며 그곳에서 뛰어노는 어린 시인의 모습은 해맑은 장난기와 생동감으로 넘쳐나고 있다.

박정만은 서정시의 권위자이다. 그토록 폭력적 정치의 희생물이 되었으면서도 어떻게 결이 고운 서정시만을 써 왔는지 이해되지 않을 때가 많다. 그러나 곰곰이 생각해 보면 그의 서정시 쓰기는 폭력 정치의 두려움을 다스리는 방식이며, 폭력정치에 대한 적개심을 가라앉히는 방식이며, 폭력정치에서 오는 좌절감을 껴안는 방식인 것으로 보인다. 이런 서정시 쓰기는 그를 자유롭게 살아가도록 도와줬을 것이다. 서정시 쓰기는 그를 지탱하게 만들어 준 큰 디딤돌이었다.

해가 서쪽으로 진다고 해서 시인의 영혼조차 지지는 않았을 것이다.
그런 의미에서 어쩌면 시인은 솔개를 닮았다.
솔개는 가장 장수하는 조류로 알려져 있다.
솔개는 최고 약 70세의 수명을 누릴 수 있는데
이렇게 장수하려면 약 40세가 되었을 때
매우 고통스럽고 중요한 결심을 해야만 한다.

솔개는 약 40세가 되면 발톱이 노화하여
사냥감을 그다지 효과적으로 잡아챌 수 없게 된다.
부리도 길게 자라고 구부러져
가슴에 닿을 정도가 되고,
깃털이 짙고 두껍게 자라
날개가 매우 무겁게 되어
하늘로 날아오르기가 나날이 힘들게 된다.

이즈음이 되면 솔개에게는 두 가지 선택이 있을 뿐이다.
그대로 죽을 날을 기다리든가
아니면 약 반년에 걸친 매우 고통스런
갱생 과정을 수행하는 것이다.

갱생의 길을 선택한 솔개는
먼저 산 정상 부근으로 높이 날아올라
그곳에 둥지를 짓고 머물며
고통스런 수행을 시작한다.

먼저 부리로 바위를 쪼아 부리가 깨지고 빠지게 만든다.
그러면 서서히 새로운 부리가 돋아나는 것이다.
그런 후 새로 돈은 부리로 발톱을 하나하나 뽑아낸다.

그리고 새로 발톱이 돋아나면
이번에는 날개의 깃털을 하나하나 뽑아낸다.
이리하여 약 반년이 지나 새 깃털이 돋아난 솔개는
완전히 새로운 모습으로 변신하게 된다.

그리고 다시 힘차게 하늘로 날아올라
30년의 수명을 더 누리게 된다.

해 지는 쪽으로 가고 싶다. 그래서 시인은 저 광활한 우주 속으로 거처를 옮겼다. 동쪽에서 밝은 해가 다시 힘차게 떠오르고, 시인의 영혼이 솔개처럼 다시 날아오를 때, 시인도 정읍도 힘차게 부활할 것이라 믿는다.

scene 8

십장생(十長生)이 일품인 무병장수 산촌마을

–'정읍의 불로초마을' 십장생(十長生) 숲길을 걸으며–

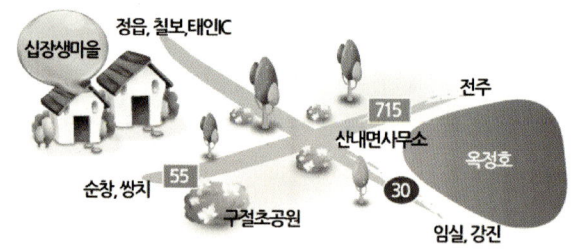

신묘년(辛卯年) 2월에는 우리들 마음속에 꿈이 꿈틀거리게 하소서!, 하얀 백지에 내 아름다운 꿈이 또렷이 그려지게 하소서!, 간절한 기도와 함께 답답한 마음을 털어내려고, 십장생 뽀스락거리는 겨울 산에 올랐다. 산비탈에 놓고 있던 햇살에 부쩍 메말라 가는 겨울 풍경들이 눈에 들어온다.

빼곡히 쌓인 겨울 낙엽 사이로 그 선명한 모습을 드러내는 십장생 수풀 산. 속 깊은 산곡(山谷)에 몰래 숨어들어 책 나무 갈피마다 들어찬 시어(詩語)를 줍고, 바스락거리는 나뭇잎 사이 겨울새 소리, 찬바람 소리를 듣는다.

정읍은 민족종교와 동학혁명이 발생한 곳으로 이미 알려져 있다. 특히 대장금의 실제 인물인 장금이가 십장생 마을 근처(옥정호 부근)에서 태어났다고 전해진다. 십장생이란 무엇인가? 사실 사람이 늙지 않고 오래 살기를 바라는 소망은 기본적 욕구 중 하나다. 장수에 대한 염원이 간절했던 옛사람들은 무병장수한다고 믿어 왔던 열 가지 자연물을 십장생(十長生)이라 부르며 불로장생(不老長生)의 상징으로 삼았다. 그래서 그림을 그리거나 생활에 필요한 것에 무늬로 새겨 넣어 항상 곁에 두었다고 한다. 뾰족뾰족 솟은 산, 둥근 해, 하늘 가득한 구름, 훨훨 나는 학, 굽이쳐 흐르는 물, 헤엄치는 거북, 바위와 소나무가 가득한 숲에 뛰어노는 사슴, 그리고 수풀 사이에서 자라는 불로초(不老草)가 있다.

때맞춰 불로장수의 상징인 십장생을 주제로 어메니티를 높이는 마을이 있다. 이 마을에 가면 해와 구름, 산과 바위와 폭포, 학과 거북, 사슴, 소나무, 영지버섯 등 십장생을 한꺼번에 볼 수 있다. 또 매화,

감잎, 연잎, 구절초, 녹차 등 다섯 가지 차를 마실 수 있는 국내 유일의 마을이다. 다시 말해서 자연환경이 잘 보존되고 경관이 수려하면서 인심 좋은 사람들이 한데 어우러져 살아가는 풍요로운 마을이면서 십장생이 있는 마을로도 유명하다. 실제로 가 보면 그 말이 참으로 딱 어울리는 마을이라는 것을 실감할 수 있다

　마을 뒤로는 운주산(雲住山)이 버티고 감투같이 생긴 감투봉이 있다. 산 아래 좌우로 논과 밭이 있으며 그 사이로 냇물(능교천)이 흐르는 전형적인 배산임수형 산촌마을이다. 십장생마을 주민 중 천주교 신자가 90%를 넘는다. 1866년 병인박해 때 이곳으로 피신한 천주교도가 정착한 마을이기 때문이다. 1999년 옥정호가 상수원보호구역 마을로 지정된 후 가축 기르는 것을 포기하고 시의 권유로 도농교류를 시작했다. 십장생마을의 어메니티 자원은 마을 주변에 펼쳐져 있는 십장생과 차, 옥정호, 선비체험관 등이다. 옥정호에는 해마다 가창오리, 큰기러기 등 철새가 날아오며 주변에 희귀동식물과 곤충, 식물이 많이 자생하고 있다. 또 주변의 하천과 계곡에는 수달이 살고 있으며 버들치, 가재, 각시붕어, 돌고기 등 다양한 어종이 서식해 도시 어린이 생태학습에 큰 도움을 주고 있다. 운주산 감투봉에 오르면 옥정호와 내장산, 정읍평야를 볼 수 있다. 늦가을 멀리 지리산 줄기와 서해 바다를 보는 재미도 인상적이다. 운주산에 오르면 불로초라 불리는 영지버섯도 쉽게 찾을 수 있다.

　십장생마을에 대해 정읍시나 향토사학자는 대장금의 탄생지라는 논문을 발표하는 등 여러 가지 마케팅을 벌이고 있다. 십장생마을은 대장금의 탄생지답게 예부터 다섯 가지 차를 마시고 있는데 최근 도농교류 덕으로 도시민에게 마을의 5대 차를 제공하고 있다. 연평균

기온이 15도인 십장생마을에서 생산되는 차는 매우 고소하며 은은한 향이 감미롭다. 100% 야생녹차로 농약을 주지 않고 일교차가 큰 지역에서 생산되기 때문이다. 연잎차와 매화차도 연꽃향과 매화향이 강하고 맛이 달아 텁텁한 맛이 적다. 구절초는 구절재 주변에 자생하는데 매년 가을 구절초축제를 벌인 덕분에 이곳을 방문하는 도시민이 계속 늘고 있다.

과거 먹을거리 관련 신문기사를 보면 대부분 지역특산품 기사였다. 그러나 소비자들은 농촌에 대해 새로운 것들을 요구하기 시작했고, 농촌주민들도 농산물 외에 여가, 휴양, 체험 상품 등을 팔기 시작했다. 주 5일 근무 등으로 농촌관광·녹색체험이 급격히 증대하고, 이것이 도농 간 교류를 확대하는 매우 유용한 수단이 됐다.

근래 도농교류의 위력은 실로 대단한 것임에는 틀림없다. 정읍 십장생마을도 십장생과 차를 특성화한 그린투어 사례로 지역창조성이 뛰어난 곳이다. 불로장수의 상징인 십장생을 주제로 어메니티를 높일 수 있는 최고의 마을로 만들어 보자. 그리하여 십장생마을에 사람과 자원이 동시에 몰려오게 하자.

제 2 부

웰촌별곡

scene 9

웰컴투 농산어촌

최근 새로운 농촌관광 프로그램이 일부 성공하면서 큰 관심을 끌고 있다. '새로운 유형의 농업'인 '그린 어메니티(Green amenity)' 사업이다. 그린 어메니티는 농촌 지역 특유의 전원풍경과 문화적 전통, 역사적 기념물, 소박한 인정 등을 관광자원으로 개발하는 것이다.

가슴속까지 시원하게 하는 상쾌한 공기, 맨발에 닿는 흙의 감촉, 도란도란 얘기를 나누며 바라보는 밤하늘의 별. 이것이 '진짜' 휴가가 아닐까. 시끌벅적한 관광지보다 가족끼리 근거리의 자연을 체험하는 것이 새로운 휴가 트렌드로 떠오르고 있다.

이 같은 휴가 풍속도는 도시민에게는 좋은 휴식처를 제공한다. 도시민이 자연경관 보존, 전통문화 계승 등 농어촌이 갖고 있는 다면적 가치를 자연스레 인식하는 효과도 꾀할 수 있다.

어른들에게는 빡빡한 일상에서 벗어나 어린 시절을 생각하면서 호흡을 가다듬을 기회를 주고 아이들에게는 녹색교육 현장으로도 으뜸이다. 비용이 저렴한 것도 매력이다.

그런 의미에서 요즘 뜨는 농촌체험마을 10곳을 소개한다.

하나, 충남 태안 볏가리마을(www.byutgari.com)

충남 태안 볏가리마을은 태안반도의 끝에 위치해 농촌마을이면서도 염전체험. 굴체험 등 어촌체험이 가능해 방문객의 체험만족도가 높으며, 친환경농업 실천을 통해 생산된 농산물을 가공하여 소비자에게 질 좋고 안전한 먹을거리를 제공하고, 1사1촌운동 등 도시민과의 교류사업에도 앞장서고 있다. 농촌과 어촌, 농업소득과 농외소득의 조화로 부가가치를 창출하는 볏가리마을은 제4회 농촌마을가꾸기 경진대회에서 최우수 농촌체험마을로 선정되어 대상을 받았다.

둘, 강원도 평창군 봉평 수림대마을(www.sulimdae.co.kr)

수림대마을이 있는 평창군 봉평면 유포3리는 23가구 80여 명이 살고 있는 작은 산골마을이다. 마을주민들은 농사짓는 데 농약을 쓰지 않는다. 농약을 쓴다면 계곡에 물고기가 모두 죽는다는 인식과 그것은 곧 수림대마을의 몰락이라는 생각에서다. 농사 작물은 고추, 감자, 산나물과 토종꿀 등이다. 이 마을의 먹을거리는 곤드레 꽃나물밥이 단연 인기다. 마을에서 생산한 나물과 산채두릅, 된장이 어우러진 고향의 맛은 어린 시절 추억을 절로 떠올리게 한다. 아울러 메밀국수와 옥수수, 감자를 조합한 것으로 올해 송어와 산천어잡기체험행사가 진행된다면 볼거리, 먹을거리, 쉴 거리 3박자가 어우러질 것이다.

셋, 충북 단양군 한드미마을(www.handemy.org)

대자연의 품 안에 넉넉한 인심이 한데 어우러진 쉼터, 한드미! 소백산 비로봉·국망봉 자락에 위치한 한드미마을이 내건 슬로건이다. 한드미마을은 풍부한 일급수 깨끗한 물이 흘러 산천어가 서식하는 전형적인 산촌마을이다. 산과 들, 계곡, 천연동굴이 한데 어우러져 있어 흥미롭고 즐거운 체험을 다양하게 즐길 수 있다. 특히 여름에는 계곡에서 물놀이와 물고기잡이로 도심의 찌든 때를 말끔히 씻을 수 있다. 뿐만 아니라 천연림과 기암괴석으로 아름다운 소백산이 지척에 있다. 주변 단양팔경을 둘러볼 수 있고, 고수동굴·온달동굴 등 동굴 체험과 더불어 남한강에서의 래프팅 및 쏘가리낚시도 즐길 수 있다.

넷, 강원도 삼척시 '어촌 체험마을'로 선정된 장호마을(www.jhbada.com)

강원도 삼척의 작은 어촌 장호, 용화마을 주변에는 길이가 8km 이상의 화려한 장관을 보여 주는 '환선굴'을 비롯해 연어 일생관, 체험관, 수초터널, 수족관 등이 설치돼 있는 '민물고기 전시관', '환선종합박물관', '황영조 기념공원' 등 다양한 볼거리가 있다. 이 마을은 전용 선박을 이용한 스킨스쿠버, 바다낚시, 갯바위 낚시 등 다양한 레저 활동을 즐길 수 있고, 돌미역, 곰치, 한치·물오징어·도미 등 각종 회와 명란젓, 창란젓, 자주감자 등 먹을거리가 풍부하며 90여 가구의 민박촌이 있다.

다섯, 강원도 평창군 도암면 차항리마을

강원 평창군 도암면 차항2리. 57가구 201명이 사는 작은 마을로 사람이 살기에 가장 적합하다는 해발 700m 대관령 고원에 위치해 있다. 마을의 주 소득원은 씨감자다. 고원의 감자 재배에 적합한 입지적 특성을 잘 살린 것이다. 씨감자 외에 친환경농법으로 여름 배추와 당근, 파세리, 파프리카, 딸기, 서양란 등을 생산하고 있다. 고원스포츠도 인기다. 승마와 산악자전거, 고원 관찰 등이 또 다른 마을의 소득원이다. 여기에다 펜션도 10채를 건설, 운영하고 있다.

여섯, 전북 진안 능길마을

용담호 상류에 위치한 능길마을은 자연경관이 수려하고 주민의 노력으로 자연친화적 생활양식을 잘 가꾸어 나가는 마을로 알려졌으며 중부지역 유일의 왜가리 서식지로 유명하다. 쉬리와 쏘가리, 줄고기가 사는 금강 최상류의 생태마을. 능길마을은 53가구 150명이 사는 작은 마을이지만 뛰어난 생태환경과 지도자의 리더십을 바탕으로 그린어메니티를 선도하고 있다. 농산물 가공공장의 운영과 생산물의 도농 직거래를 통한 마을 연간 수입은 이미 10억 원 이상이 되었다. 마을의 폐교를 이용한 '능길산골학교'를 중심으로 하는 마을 방문객 수도 연간 2만 명 이상이다.

일곱, 전남 나주시 이슬촌마을(www.eslfarm.com)

태백산맥의 맨 끝자락 금성산, 거기에서 뻗어 나온 병풍산의 중간에 자리 잡은 아담하고 산세 수려한 마을이다. 병풍산이 남북으로 길게 늘어져 있는데, 등산로를 따라 정상에 오르는 데는 약 30~40분 정도 걸리며 오르면서 나주평야의 웅장함을 볼 수 있다. 깻잎 따기, 옥수수 따기 등 농사체험을 할 수 있으며, 양초공예, 깻잎술·인절미·두부 만들기 등을 해 볼 수 있다. 볼거리로는 나주 지역 최초의 천주교회인 노안천주교회가 있다. 붉은 벽돌의 단층교회인 이 천주교회는 지방등록문화재 제44호로 대표적 근대 성당건축물이다. 인근에 쌍계정, 설재서원, 경헌서원, 월정서원 등 문화재가 있다.

여덟, 경남 남해군 다랭이마을(darangyi.go2vil.org)

"마당에서 솟는 집채만 한 태양을 가슴에 품고 소원을 빌고 싶은 분. 남해 다랭이마을(경남 남해군 남면 홍현리 가천마을)로 오십시오." 다랭이마을 홈페이지에 있는 글이다. 마을 진풍경은 108층 계단을 이룬 다랑이 논이다. 옛날 한 농부가 일을 마치고 일어서다가 논을 세어 보니 한 배미가 모자랐다. 이를 기이하게 여기고 한참을 찾았건만 결국 찾지 못해 포기하고 일어서며 삿갓을 드는데 그 아래 한

배미가 숨겨져 있었단다. 그래서 이름 붙은 삿갓배미부터 아무리 커도 300평을 넘지 않는 '손바닥만 한' 논이 산기슭에서 각각 다른 크기와 모양으로 108층 계단을 이룬다.

아홉, 경남 밀양시 평리마을(www.pyungri.com)

평리마을은 밀양 동북쪽에 있으며 '영남 알프스'라고 불리는 재약산과 향로산 줄기에 터를 잡고 있다. 평리마을은 온통 대추나무로 뒤덮여 있다. 마을 대부분이 대추밭이고 그 속에 감과 밤, 자두, 복숭아 사과, 배가 섞인 과일동산이 한 폭의 그림같이 펼쳐져 있다. 주종인 대추는 300여 년간 재배해 온 전국 제일의 명산지로 일교차가 크고 배수가 잘 돼 맛이 있다. 노루·사슴·고라니·멧돼지 등 다양한 동물이 수시로 목격돼 생태계 보고로 꼽힌다.

열, 제주 남제주군 혼인지마을(www.greentour.or.kr)

성산일출봉에서 서쪽으로 약 8㎞ 거리에 위치한 혼인지마을은 성산읍 관내 마을 중 가장 긴 해안선을 따라 자리 잡고 있다. 평온한 마을 분위기와 대규모 감귤농장, 아름다운 해안과 풍부한 해양생태자원 등으로 최고의 농어촌체험마을 중 하나로 꼽히고 있다. 마을 주변으로 우리나라에서 가장 아름다운 일출을 볼 수 있다는 성산일출봉이 있고, 드라마 '올인'의 촬영세트장도 인근에 있다. 해녀들이 금방 건져 올린 싱싱한 해산물을 비롯한 먹을거리가 풍성하다. 혼인지마을은 바닷가에 있어 각종 해양생태체험이 가능하다.

창조경제 시대, 웰촌경제가 도시와 농촌이 더불어 사는 세상을 만들어 낼 것이다.

scene 10

웰촌(Welchon) 경제별곡

추석이다.

고향마을이 보인다. 억눌렸던 마음은 고향 풀벌레의 화음만으로도 술술 풀리는 실타래처럼 가볍기만 하다. 숲과 농원을 껴안은 고향마을은 잠시 잃어버렸던 웰촌의 향수를 다시 피어오르게 한다.

오랜만에 무공해 새소리가 들려온다. 멈춰 서 있던 하얀 구름도 움직이기 시작하고, 텅 빈 도로는 고향행렬에 나선 승용차들 소리에 정적이 깨어지고, 검푸른 풀벌레들이 소스라치게 놀라고 있다.

불현듯 어릴 적 추억 속의 내 고향 추석풍경이 떠오른다. 가족 친지와 함께 차례를 지낸 다음 성묘를 마친 뒤 또래 아이들과 철없이 뛰놀던 황금 들녘, 뒷동산 대나무를 잘라다가 곱줄을 달아 피라미를 낚던 개울천, 동구 밖 코스모스 밭에서 술래잡기하는 중에 탐스럽게 익은 조롱박을 따다가 들켜서 술래가 된 일. 보름달이 떠오르는 밤이면 골목골목마다 아이들이 웃고 떠드는 소리가 하루 종일 들렸다.

올해도 어김없이 추석은 찾아왔다. 여느 때처럼 사람들은 고향을 향해 발걸음을 재촉할 준비를 서두르고 있다. 하지만 올해는 경제 불황과 신종플루 확산으로 인해 고향을 찾는 대신 보름달처럼 차오른

한숨이 이를 대신하고 있다. 한마디로 그만큼 힘들다는 얘기다.

한국 산업은 60년대 초 철광석에서 70년대 섬유, 80년대 중공업, 90년대 반도체·자동차·휴대폰으로 이어지는 흐름이었다. 만약 국내 대기업이 10년마다 이어지는 성장동력을 확보하지 못했다면 한국은 현재 위치도 확보하지 못했을 것이다. 따라서 '앞으로 무엇을 먹고 살 것인가'라는 문제는 대기업들로서는 단순한 경영전략을 넘어 생존 문제로 연결되는 '미래 화두'나 다름없다.

중국의 경제 성장과 일본을 비롯한 글로벌 기업 반격이라는 틈바구니에서 한국호가 순항하기 위해서는 미래 먹을거리 확보가 그만큼 중요하기 때문이다. 앞으로 한국이 먹을거리 확보를 위해서는 한국형 전통자원 개발과 함께 인재 양성이 그 무엇보다 중요하다.

첫째, 한국형 전통자원 개발이다. 지난 월드컵 때 '꼭짓점 댄스(월드컵송)'가 장안의 화제가 된 적이 있다. 이는 피라미드 형태로 꼭짓점 대형을 이루어 여러 사람이 함께 추는 춤이다. 자세히 보면 과거 개인기 방식과는 차별화된 집단협업 방식이다. 독일 월드컵 응원전 때 보여 줬던 집단적 역동성은 지금까지 우리의 가슴을 설레게 하고 있다. 이러한 꼭짓점 기법을 전통자원이 풍부한 웰촌문화의 새로운 콘텐츠로 접목시켜 보면 어떨까? 이를테면 새로운 소득원 개발, 독특한 상품화, 식품의 안전성, 그리고 다각적인 마케팅 등 이렇게 4가지 꼭짓점을 구심점으로 하여 경제성장을 이끌어 내야 한다.

① 먼저 새로운 소득원 개발이다. 자연경관을 해치지 않고 사람들에게 만족감을 줄 수 있는 우리 웰촌의 모든 경제적 자원을 발굴하여 소득원을 창출해야 한다. 여기에는 반드시 '8거리'의 개발이 필요하다. 즉 먹을거리, 볼거리, 쉴 거리, 알 거리, 할 거리, 놀 거리, 일거리,

살 거리 등 8거리 자원을 개발해야 한다.

② 독특한 상품화이다. 전남 장성군 동화면의 임선호 씨의 경우 그동안 육묘상자, 수박받침대, 상추 아파트 등 농사와 관련된 15종류의 특허를 획득했다. 특히 임 씨가 발명한 '상추 아파트' 시설은 주위에서 호평을 받고 있다. 상추 아파트란 상추를 아파트처럼 된 화분에 심고 자동으로 물을 주고 한약으로 된 거름을 사용해 편리하고 질 좋은 상추를 쉽게 재배할 수 있게 함으로써 농업용뿐만 아니라 도시민들이 가정용으로도 활용할 수 있다. 최근 이런 상추 아파트는 농업용뿐만 아니라 도시민들이 아파트 장식용과 베란다에서 상추를 기르기 위한 가정용으로도 주문이 쇄도하고 있다. 이처럼 임 씨는 쌀농사보다 시설 채소 재배에 주력하면서 농사 현장에서 떠오르는 아이디어를 모아 독특한 상품을 만들어 낸 것이다.

③ 식품의 안전성이다. 미국의 여류작가 레이첼 카아슨의 『침묵의 봄』은 생명의 농업—자연농법이 왜 필요한지, 유기농업을 왜 해야 하는지, 그리고 왜 그런 농산물로 식물을 삼아야 하는 지를 잘 설명하고 있다. 오늘날 국내 소비자뿐만 아니라 외국 바이어들은 한결같이 생산자들이 수입 농산물과의 경쟁에서 소비자 선택의 우위를 점하려면 무엇보다 안전성과 상품의 신뢰를 갖출 것을 주문하고 있다. 즉 품질이 규격화된 고품질 농산물과 생산이력제 관리상품, 지역명품, 친환경 농산물만이 경쟁력이 있다는 얘기다.

④ 다각적인 마케팅이다. 요즘 농산물에 대한 소비자 선호도를 보면 질과 가격의 양극화 현상이 뚜렷하다. 이는 농산물도 이제 제품 차별화를 통한 적극적인 마케팅시대가 도래했다는 것을 의미한다. 또 진정한 차별화는 생산자·판매자가 파는 상품이 아닌, 소비자·구매

자가 사고 싶은 상품에서 나온다는 것을 말해 주고 있다. 소비자와 대형 유통업체 및 도매시장의 구매패턴에 맞추려는 생산자의 노력은 이제 선택이 아니라 필수이다. 앞으로 소비자 교육 및 홍보 강화, 대량 소비처 개척, 전자상거래 적극 추진, 소비자의 신뢰 확보, 친환경 가공사업 지원·육성, 환경보전형 지역농업시스템 구축 등이 다각적인 마케팅의 키워드다. 과거 일부 신지식 농업인 위주의 지원방식과는 달리 꼭짓점 기법과 같은 집단상생방식이 웰촌의 경쟁력을 보장해 줄 것이다.

둘째, 인재 양성이다.

천연자원이 부족한 우리나라는 유일하게 우수한 인적 자원을 갖고 있으며, 이제 글로벌 경쟁시장에서 남을 좇아갈 것이 아니라 선도를 하려면 우수한 핵심인재를 뽑고 키우는 것만이 미래를 보장해 주는 유일한 길이라고 생각한다. 사상 초유의 인재전쟁 시대, 대한민국에서 가장 먼저 '인재 1등'을 선포한 삼성의 행보는 예사롭지 않다. 이미 직급체계를 뛰어넘어 인재의 관리와 육성을 중심으로 인사관리 구조를 바꾸었다. 이제 삼성에서 직급과 직책은 의미가 없다. 핵심인재들을 S급, A급, H급 등 구성원이 가진 능력과 성과를 기준으로 분류해 관리하며, 이들에 대한 정책적 배려와 대우 수준은 일반인들의 상상을 초월한다. S급 인재들은 대표이사 이상의 연봉이나 대우를 받을 수 있도록 파격적일 뿐만 아니라 경영층이 하는 업무의 대부분이 이들 인재들을 멘토링하고 관리하는 일에 집중돼 있으며, 그 일에 소홀해 핵심인재 확보나 관리에 누수가 생길 경우 가차 없는 평가상의 불이익을 각오해야 한다. 인재를 평가하는 기준, 그리고 그러한 기준에 부합한 인재를 키워 내는 프로그램 자체도 그룹 차원과 각사 차원에서 해야 할 역할을 나누어 체계적으로 수행한다. 삼성의 인재들은 입사하면서부터 삼성식 사관학교에서 완전히 새로운 사람으로 다시 태어난다. 삼성 출신들이 어딜 가든 환영받는 이유가 바로 여기 있다. 자신의 업무에 미쳤다고 할 정도로 몰입할 뿐 아니라, 자신이 어디까지 성과를 내야 하며 지금 어느 정도 수준에 와 있는지 언제든 체크할 수 있을 정도로 '질적 향상'과 '성과 배가'에 혼신의 힘을 기울인다. 그리고 조직은 그러한 인재들의 노고에 대해 파격적이고 다양한 형태 및 방법에 의한 보상을 통해 동기부여를 강화함으로써 '삼성은 역시 일등'이라는 인식을 지속적으로 유지하게 한다. 이것이 바로 글로벌 경쟁 환경에서 살아남는 삼성의 시스템력이다.

그렇다면 나는 무엇을 준비해야 하는가?

위험이 증가하는 만큼 기회도 커지는 시대가 열리고 있다. 스스로의 눈으로 세상을 전망하고 이해하며 판단하는 힘을 키워야 한다. '어떻게 살 것인가', '무엇을 준비해야 할 것인가' 같은 질문을 진지하게 던져 보고 해답을 찾아야 한다. 해답이 보이면, 열정을 가져야한다. 열정적인 회사는 열정이 없는 회사보다 고객충성도가 56%, 생산성이 36%, 수익성이 27% 높다고 한다. 또 사람의 몸만 고용해서 쓰면 잠재력의 20%, 머리까지 고용해서 쓰면 40%, 열정까지 다사용하도록 하면 100%의 효과가 나온다는 연구도 있다. 이처럼 열정 경영은 회사를 바꾸고 개인을 바꾼다. 앞으로 열정이 없는 조직은 살아남기 힘들다. 현대의 비즈니스는 곧 기업에 열정을 가진 직원이 얼마나 있느냐에 그 성패가 달려 있다고 해도 과언은 아니다.

'No Action Talk Only'는 오로지 말만 하고 행동은 안 한다는 뜻으로 많은 것을 느끼게 하는 말인 것 같다.

scene 11

동의보감(東醫寶鑑)의 세계화

　우리 민족의 의학서 동의보감(東醫寶鑑)은 '동쪽 의술의 거울이 되는 보배'란 뜻이다. 그리고 '동쪽 나라 의술의 본보기가 되는 책'이라고 의역할 수 있다. 아무튼 '동양의학의 본보기가 될 귀한 보배'가 되길 바라는 마음으로 그러한 제목을 지었을 거라 생각된다. 초간본 기준 총 5편 25책인 동의보감은 실용성과 과학성을 중시해 당시까지의 동양의학의 모든 지식을 집대성해 체계적으로 서술했으며 일본과 중국에까지 전해져 동아시아 전통의학 발전에 크게 이바지했고 지금까지도 많은 영향을 끼치고 있다.

　이런 동의보감이 의학서적으로는 세계 최초이자, 국내 7번째 유네스코 세계기록유산으로 등재됐다. 동의보감이 세계기록유산으로 등재된 것은 유네스코가 동의보감의 역사적 진정성, 세계사적 중요성, 독창성, 기록정보의 중요성, 관련 인물의 업적 및 문화적 영향력 등을 인정했기 때문일 것이다. 또 무엇보다 프로그램 자체가 지니고 있는 생명력이 가장 크지 않을까 싶다. 한국사람의 몸에 생긴 질병과 이상 증상을 한국인의 몸을 잘 아는 동양의학의 힘으로 치유해 보고자 하는 노력이 담겨 있고, 특히나 무조건 약을 쓰는 치료법이 아닌 자연스레 스스로의 몸을 알아 가고 건강한 몸을 만들 수 있도록 이끌어 주는 역할을 하기에 더 큰 가치를 두었지 않았나 하는 생각이 든다.

때맞춰 전국 각지 지자체에서도 동의보감 건강교실이 운영되고 있다. 경기도 양평군 '한방동의보감 건강마을'과 강원도 홍천군의 동의보감 양생교실, 서울 강서구의 허준 박물관 등이 그것이다.

양평군은 2007년 6월부터 한방을 이용한 주민 건강증진서비스 향상을 위해 '한방동의보감 건강마을' 사업을 추진해 오고 있다. 이 사업은 개인별 특성에 맞는 체질별 건강양생법 교육 및 기공체조, 중풍예방섭생법, 체질별 약재, 근골격계질환 지압법, 금연침시술, 사상체질교육 등 전통 한방을 이용한 건강증진 프로그램이다.

홍천군은 지난 동절기에 농촌 지역주민들의 삶의 질 향상을 위해 동의보감 양생교실을 운영했다. 또 최근에는 관내 청소년들을 대상으로 동의보감 한방건강 교실로까지 확대시켰다. 특히 지난 6월에는 남면 양덕중학교 학생들을 대상으로 스트레스와 체지방, 빈혈. 고혈압 측정 등 건강검진을 실시했고, 결과에 따라 6개월 동안 한방 건강 상담, 한약처방, 자침시술 등 한방진료 및 보건교육도 실시하고 있다.

강서구는 명의 허준 선생의 '동의보감'을 배우고, 한약도 직접 지어 볼 수 있는 이색체험교실을 운영하고 있다. 강서구 허준 박물관이 최근 3일간 전국의 초등학생 120여 명을 대상으로 운영한 '어린이 허준 교실'에서는 전통 한방 과자와 머리가 좋아지는 환약을 빚어 보고, 자신만의 동의보감 만들기 체험을 실시했다.

이 같은 자치단체의 노력이 '우리 민족의 동의보감'을 '인류의 동의보감'으로 자리매김하는 데 일조하기도 했겠지만, 녹색성장의 하나로 선도적 역할을 할 수 있는 그런 거점을 확보하기 위해서는 동의보감의 연구 개발 부분과 일반기업을 연결해 새로운 산업 개발로 구체화시켜야 할 것이다.

세계 한방산업의 규모는 250조 원. 우리나라는 오랜 역사와 전통에 비해 세계 시장의 2%를 차지하는 수준에 불과하다. 이번 유네스코 세계기록문화유산 등재를 계기로 현대적 차원에서 '동의보감'을 계승·발전시키려는 노력을 꾸준하게 진행한다면 해외 시장 공략도 충분히 가능하다. 이를 위해 약용작물 산업을 미래 녹색산업으로 도약시킬 수 있는 구체적이고, 체계적인 시스템을 갖춰야 한다.

지난해 국내 약용작물 시장의 규모는 1조 5천억 원 수준이다. 앞으로 약용작물의 용도가 한약재 외에 건강식품, 생활용품 등으로 다양해지면서 시장규모가 더 커질 것은 분명하다. 따라서 우리 풍토에 맞는 작물의 개발을 확대해야 한다. 그래서 시장 개방 등으로 어려움이 큰 우리 농가에 새로운 수익원을 만들어 줘야 한다.

scene 12

농비어천가(農飛漁天歌)

　농업과 농촌의 지속 가능에 대한 위기가 수십 년간 지속되면서 고령의 농사꾼만 남은 것이 오늘의 농촌 현실이다. 그런 가운데 정말 작은 숫자의 귀농자들이 마을에 스며들어 정착하는 과정에서, 힘들게 수많은 역할을 감당하고 있다. 이장으로, 작목반원으로, 새마을지도자로, 영농조합법인 사무장으로, 운전기사로, 방과 후 아이들 교사로, 마을 내 각종 조직 속에서 자연스럽게 다양한 역할을 요청받으면서 고군분투하고 있다.

　이조차도 리팜(re—farm)족을 체계적으로 담당하는 학교가 하나둘 생기면서 가능한 일이었다. 리팜족이란 기발한 생각과 아이디어를 가지고 성공적으로 농촌에 정착해 고소득을 창출하는 젊은 귀농족을 의미한다. 이를 양성하는 학교는 생태귀농학교, 귀농전문학교, 지역귀농학교, 도시농부학교, 농업 전문마이스터대학 등이 대표적이다.

　그중에서도 농업전문 마이스터(Meister·장인)대학에 거는 기대는 자못 크다. 근래 귀농인들의 60% 이상은 대학과 대학원을 졸업한 고학력자이고 다수가 30대의 젊은이들이다. 이들은 지금 재테크와 웰빙 라이프의 중심인 새로운 농업현장에 서 있다. 차별성과 경쟁력만 가졌다면 불경기에도 건강과 소득 두 마리 토끼를 잡을 수 있는 최적의 시장으로 농업이 주목을 받고 있는 요즘, 이런 분위기를 탄 농업 전문 마이스터대학이 최고의 기술력과 노하우를 가진 전문 농업인 양성을 위해 집중하고 있다.

반면 정부는 2012년부터 영농·영어에 종사하는 후계 농어업인들에 대한 군복무 대체 제도를 폐지한다고 한다. 현재 후계 농어업경영인들은 산업기능요원 제도에 따라 현역 입영 대상자는 34개월, 보충역 입영 대상자는 26개월 동안 영농의무에 종사하는 것으로 군복무를 대신하고 있다.

농업계의 반발이 예상된다. 70세 이상 고령 농업인은 급증하고 있는 데 반해 40세 미만의 젊은 농업인은 급감하고 있는 상황에서 군복무 대체 제도를 폐지할 경우 후계인력 단절로 농업·농촌의 기반이 뿌리째 흔들릴 수밖에 없다. 특히 농어가의 소득 감소와 교육·복지 여건 악화로 농어촌 공동화 현상이 심화되고 있는 상황에서 식량안보를 책임지는 후계 농어업인 단절은 우리 농어촌에 사형선고를 내리는 것과 같다.

급기야 <1박2일>, <패밀리가 떴다> 등 농어촌 알리기에 힘을 쏟고 있는 프로그램으로 방송사가 거들고 나섰다. 방송사상 최초로 시도되는 SBS 리얼 귀농프로젝트 <농비어천가(農飛漁天歌)>가 그것이다. 2009년 5월 24일 첫 방송된 신개념 리얼 귀농프로젝트 <농비어천가>는 도시에 거주하는 대한민국 대표 청·장년 8명이 1년간 농촌에 정착하면서 자신들의 땀과 노력으로 새로운 농촌마을을 건설하고, 그 정착과정을 리얼하게 보여 주며 '귀농'의 바람직한 모델을 제시하는 프로그램이다.

그러나 귀농은 도시인으로 하여금 실제로 그들이 생활 장소를 농촌으로 옮기도록 유도하는 데서 시작해야 한다. 그런 점에서 일본의 귀농 붐은 우리가 참고할 만하다. 비영리(NPO)법인 '100만인 고향회귀 순환운동 추진 지원센터'의 고향회귀 순환운동은 I·J·U턴 등 다양한 형태로 사람들이 도시에서 농촌으로 회귀·순환하는 것으로 건강하고 평온함이 있는 것보다 풍족한 생활을 창조하려는 운동이다. 아울러 일본 노동조합의 총본산 렌고(連合·일본노동조합총연합)는 1998년 이미 100만 인 고향회귀운동을 렌고의 정책 제안에 포함하고 최초로 경제단체와 농민단체에 제안했었다. 이처럼 일본에서는 귀농운동을 농민단체가 아닌 노동단체가 선도적으로 제기하고 주도적으로 추진하고 있는 점도 또 하나의 특징이다.

용비어천가가 한글 창제 후 첫 시험으로 이루어진 최초의 한글 악장이라 한다면, 농비어천가는 방송사상 최초로 시도되는 SBS 리얼 귀농프로젝트다. 일본처럼 농촌이 평온함을 넘어 풍족한 생활을 창조하려는 운동의 첫 단추가 되었으면 한다.

scene 13
세계농민헌장에 담긴 뜻

전 세계 거의 절반의 사람들이 농민들이다. 심지어 하이테크 세계에서도 사람들은 농민들이 생산한 식량을 먹는다. 소규모 농업은 단지 시장 경제적 활동만이 아니라, 많은 사람들을 위한 삶을 의미한다. 인간의 안전은 농민들이 양질의 삶을 살고 지속 가능한 농업이 가능한지에 달려 있다. 인간의 생명을 지키기 위해 농민권리를 존중하고, 지키고, 완전히 실현하는 것이 중요하다. 현실에서, 인간의 생명을 위협하는 농민들의 권리 침해가 계속되고 있다.

서울총회에서 채택된 세계농민헌장

이와 같은 현실에 직면해 전 세계 농민들이 생존을 위해 투쟁하고 있다. 특히 이런 정서는 다음 세계농민헌장에 잘 나타나 있다. 세계 최대 농민단체인 IFAF(세계농업인연맹)은 3년 전 제37차 서울총회에서 총회에 참석한 83개국, 118개 농민단체의 만장일치 지지를 얻어 한국 농협이 제안한 세계농민헌장을 채택했다.

세계농민헌장이 지향하는 목표는 10개 항의 기본원리와 규범에 압축돼 있다. 이를 살펴보면, 하나, 농업의 중요성과 농민의 막중한 역할을 인정한다. 둘, 농민조직을 필수불가결한 동반자로 참여시키고 존중한다. 셋, 농민이 정당한 소득을 얻을 수 있도록 기회를 제공한다. 넷, 농촌과 도시를 동등하게 대우하고 정당한 대접을 한다. 다섯, 농업의 다양성과 지속 가능성을 보장한다. 여섯, 기아와 영양실조, 농촌빈곤을 퇴치한다. 일곱, 공정하고 공평한 농산물 무역협상을 확립한다. 여덟, 농산물 유통체계에서 힘의 균형을 통해 시장이 제 기능을 발휘하고 활성화되도록 보장돼야 한다. 아홉, 여성농민과 청년농민에 대한 특별한 배려와 격려가 있어야 한다. 열, 안전한 먹을거리 생산기준·생산이력제 등에서 국제적 협력을 확대한다는 것이다.

세계농민헌장이 한국 농협의 제안으로, 그것도 서울 총회에서 채택됐다는 것은 큰 의미가 있다. 우리 농업이 안고 있는 많은 문제가 세계농업의 문제에서 파생된 것임을 분명하게 확인하고 이를 해결하는 원칙을 밝히고 있기 때문이다.

세계농민헌장은 농민들의 권리를 보호하기 위한 헌장으로서 경제, 사회 그리고 문화적 권리에 관한 국제조항(ICESCR)에 약간의 한계들이 있음을 본다. 따라서 이런 한계를 극복하기 위한 보완책이자, 세계농민헌장이 지향하는 궁극적인 목표가 되는 게 농촌사랑 실천이다. 2004년부터 시작한 범국민적인 농촌사랑운동은 농업 농촌의 자생력 확보는 물론 도시민의 삶의 질 향상에 기여해 상생하는 시스템을 구축했다. 그래서 한국 농업 농촌의 새로운 경쟁력으로 부상함과 동시에 다른 나라의 벤치마킹 대상이 되고 있다.

앞으로 한국형 농촌사랑운동이 도농상생의 신가치 창출운동이라는 미래의 농촌 발전모델로 정착되기 위해서는 일회성 운동이나 캠페인으로 그치지 않고, 생활의 일부분으로 자리 잡도록 해야 한다. 즉 농업 농촌에 대한 전 국민의 이해를 높여 생활 속에서 농촌사랑을 실천할 수 있는 단계까지 끌어 올려야 한다는 의미다.

지치지 않고 우리 농촌을 사랑해야

다음은 어린아이의 일기다. 선생님이 겨울방학 중 가장 즐거웠던 일이 무엇이냐고 묻자, 아이는 '중이염이 걸렸을 때'라고 서슴지 않고 대답했다고 한다. 왜냐하면, 아파 누워 있으니까 온 가족이 자기를 보살펴 줬다는 것이다. 지금 농촌이 위기에 처해 있다. 한국만의 문제가 아니고 세계적 차원의 위기다. 그만큼 농촌이 아프다는 증거다. 도시는 서로 몸을 붙여서라도 농촌의 몸과 마음을 따뜻하게 해 주려고 노력하고 있다. 도시와 농촌 둘 중 어느 하나가 없는 당신의 삶은 무의미하다. 진실한 사랑을 하기 위해서 특별해야 한다고 생각하지 말자, 우리에게 필요한 것은 지치지 않고 사랑하는 것이다. 농촌도 당신 안에 있는 상처의 텃밭을 제거해야 할 때다. 정부 관계자들도 세계농민헌장에 담긴 뜻을 깊이 새겨야 한다.

scene 14
농업인도 투잡(Two Job) 시대

　농촌경제가 어렵다고 한다. 가난은 나라님도 어쩌지 못한다는 말이 있기는 하지만 지금의 농가경제 상황은 손을 놓고 보고만 있기에는 너무 심각하다는 생각이다. 더구나 요즘처럼 나라 안팎이 경제적으로 어려운 시기에 농촌은 더 침체될 수밖에 없다. 그리고 국제관계에서의 자유무역에 관한 협정으로 농산물 수입은 현실로 다가와 농촌경제의 미래가 밝지 않게 전개되는 중이다. 그러면 이를 극복하기 위해서는 농촌의 획기적인 소득 증대와 도시와 농촌 간의 균형 개발이 시급할 것이다.

　현실적으로 농촌사회의 고령화로 인한 소득증대의 어려움이 있어 농외소득 개발이 절실하고 이를 정부도 적극 공감해 각종 농어촌 지원 정책을 내놓았다. 정부에서 농촌개발정책을 계획적으로 추진하기 시작한 것은 1968년부터 실시된 농어촌 부업단지육성정책과 1973년부터 착수된 새마을 공업육성 사업부터이다. 그러나 이들 농어촌공업 개발정책은 충분한 사업성 검토의 미비와 개별 자유입지 경영능력 부족과 제도적 연계성 부족으로 인해 제 기능을 발휘하지 못했다.

　최근 다행스럽게도 농촌에서 새로운 풍경이 펼쳐지고 있다. 투잡

족(두 가지 이상 직업을 가진 사람들)이 늘어나고 있다는 것이다. 경북 포항에서는 주 5일 근무제 시행 후 논밭과 사과, 배, 감나무 등을 일정 기간 임대해 주는 '주말농장업'이 생겨났다.

경북 예천군은 농촌여성들의 창업과 일감 갖기 등을 돕기 위해 자격증 취득반 실기교육을 마련해 전문기술을 배울 수 있도록 하고 있다. 이 교육을 통해 그동안 많은 농촌여성들이 전문 기능인으로 배출됐으며 취업과 창업 등 다양한 사회적 진출을 통해 지역경제와 가정경제에 보탬을 주고 있다.

전북 임실 치즈마을은 여느 농촌과 달리 놀고 있는 사람을 찾기 힘들다. 작은 마을에 숲골유가공과 이플유가공 2개의 치즈공장이 있고, 치즈체험을 하기 위해 주말마다 관광객이 몰려온다. 임실 치즈마을에서 투잡(two job)은 기본이다. 숲골유가공에는 지역 거주민이 40명이나 근무하고 있고, 치즈체험을 위해 동원되는 인원도 30여 명에 이른다.

경기 농촌 지역에도 이런 투잡(two job) 마을이 늘고 있다. 이천 부래미마을, 양평 신론리마을, 여주 주록리마을·오감도토리마을, 포천 교동마을, 가평 영양잣마을 등이 대표적이다. 특히 이 마을들은 가족들과 함께 농촌체험마을을 방문해 벼 베기, 고구마 캐기, 눈썰매 타기 등을 하는 중 일어난 사고에 대해서는 보험혜택까지도 받을 수 있다.

200년 전 다산 정약용은 다음과 같은 상소를 올렸다. 응지론(應旨論) 농정소(農政疏)에 나오는 내용이다.

"농사를 짓는 수고로움은 많은데 소출(이익)이 적은 까닭에 농업하는 자는 나날이 비천해집니다. 이 같은 연유로 농사는 더욱 거칠어지고 이런 악순환이 반복되니 농정 또한 소홀해집니다."

정약용은 이 상소를 통해 농정의 3가지 근본을 제시했다. "첫째는 편농(便農)으로 장차 농사를 편하게 짓게 하려는 것이며, 둘째는 후농(厚農)으로 농사를 지으면 이(利)가 있게 하려는 것이며, 셋째는 상농(上農)으로 농업을 올려 대우해 지위를 높여 주려는 것입니다."

농사를 편하게 하는 것이 기계화와 기술 개발이라면, 이(利)가 있도록 하는 것은 자가 노동력을 제대로 보상받도록 하는 것이요, 올려 대우하는 것은 농업을 중시해 농민이 자긍심을 갖게 하는 것이다. 그 중에서도 이(利)가 있도록 하는 것이 으뜸이 아닌가 생각된다. 농사를 지어 남는 것이 있어야 의욕도 생기고 자긍심도 생길 것이 아니겠는가. 농업인도 투잡(농업생산＋농촌관광사업)을 해야 하는 이유가 여기에 있다.

스토리텔링은 경쟁력의 필수

사랑은 언제나 목마르다. "2% 부족할 때……, 두 주인공의 숨겨진 사랑 이야기가 궁금하면 인터넷 창에 2%를 쳐 보세요." 몇 해 전 인기를 얻었던 어떤 과즙 음료의 TV 광고 내용이다. 당시 많은 시청자들은 광고 속에 숨겨진 사랑 이야기에 대단한 관심을 보였고 동시에 음료의 매출도 급상승했다. 문화는 이렇게 스토리텔링으로 태어난다고 해도 과언은 아니다.

영화 <장화 홍련>, <엽기적인 그녀>, 게임 <리니지>, 드라마 <겨울연가>, <대장금>, <대조영> 등 뛰어난 스토리 상품들이 해외로 팔리고 있다. 이는 모두가 탄탄한 '스토리텔링'을 기반으로 해서 만들어졌기 때문이다. 스토리텔링이 새롭게 주목받는 이유는 디지털 시대의 문화산업의 규모가 급속도로 커지면서, 주요 콘텐츠의 성공을 좌우하는 것이 바로 '스토리'이기 때문이다. 스토리텔링은 이렇게 문화기술과 결합하면서, 모든 장르를 아우르는 상위범주가 됐다. 급기야 인터넷을 통해 누구라도 문자, 영상, 소리를 통해 스토리텔링을 구현하게 됨으로써 스토리텔링은 산업을 넘어서 개인과 사회에 있어 중요한 소통의 방식으로 자리 잡고 있다.

본래 스토리텔링은 스토리(story)와 텔링(telling)의 합성어로 '이야기하기'라는 뜻이다. 여기서 스토리텔링은 사람 사는 이야기 등을 그냥 담화하는 것이 아니라, 생산자에 의해 창작되거나 기존에 있던 이야기를 수용자의 욕구 충족을 위해 효과적으로 가공해 '이야기'로 풀어 주는 작업이다.

경기도 연천군에서 된장, 간장 등 장류를 생산하는 ㈜메첼의 도완녀 대표가 딱 이 케이스다. 그의 전직은 바로 첼리스트. 서울대학교 음대 출신으로 독일에서 강사로까지 나설 만큼 잘나가던 그는 스님 출신인 남편을 만나면서 된장기업의 CEO로 변신해 주목받고 있다. 1993년 결혼 이후, 첼리스트 혹은 음악분야의 사업가로 활동했던 도 사장은 남편이 운영하던 장류기업을 넘겨받아 대표이사에 오른다.

문화공연기획사를 운영하면서 나름대로 기업경영 노하우를 쌓았던 도 사장은 장류제품 생산의 핵심이라 할 항아리 관리에서부터 직원 관리, 물류, 유통 등 전 분야를 총괄하고 돈연 스님은 브랜드와 마케팅 활용과 관련한 아이디어를 제공한다. '메주와 첼리스트'도 스님의 아이디어에서 나왔다고 한다. 현재는 23억 원의 매출, 강원도 정선과 경기도 연천 2곳의 생산시설, 그리고 6만여 명의 회원과 연구소가 가동되고 있다. 회사 설립 9년째를 맞는 ㈜메첼의 현주소다. 2000년 11월 강원도 농어업인 대상을 수상하더니 2001년에는 강원도 푸른 강원 마크 인증, 이어 2002년 자사의 된장·간장·고추장이 농림부 전통 식품으로 인증받는 등 메첼의 '장류열풍'은 현재 진행형이다.

이렇게 스토리텔링은 '사람 사는 이야기'를 고객의 욕구 충족을 위해 효과적으로 가공해 '이야기'로 풀어 주는 작업이다. 스토리와 정보, 지식을 총체적인 의미의 '이야기'로 묶는다면 스토리텔링이란 결국, 원형이 되는 어떤 이야기를 타인에게 전달하는 담화의 방식 또는 담화 과정이다.

예컨대 스토리텔링을 계발하려는 노력은 올바른 전통문화에 대한 이해에서 시작되는데 전통음식의 경우 음식과 관련된 서사, 즉 스토리텔링이 될 수 있는 역사적 배경과 그 내용을 심도 있게 연구하는 것이 가장 기본이 돼야 한다. 즉 음식은 인류와 역사를 같이해 왔기 때문에 오색(五色), 오감(五感), 오미(五味), 우주론, 음양오행설, 자연 등 음식과 관련된 이야기는 무궁무진하다는 뜻이다.

이제 유비쿼터스 시대의 도래가 확실한 만큼 문화산업의 중요성이 더욱 커질 것은 분명하다. 따라서 문화산업의 발달에 따라 스토리텔링의 필요성은 더 이상 강조할 필요가 없다. 기술은 어떤 콘텐츠를 만들어도 남아 있지만 스토리는 계속 새롭게 생산돼야 한다.

scene 16
'다문화 가족'을 위한 제언

　외국인 가족이 늘어나면서 '다문화 가족'이란 용어가 새롭게 등장했다. 이는 가족 내에 다양한 문화가 공존하고 있다는 의미를 뜻한다. 지난해 한국 남성과 외국인 여성의 결혼은 2만 8,163건으로 신혼부부 네 쌍 가운데 한 쌍은 국제결혼인 셈이다. 2020년에는 결혼 이민자가 35만 명을 넘어설 것이라고 한다.

　몇 년 전만 해도 이런 국제결혼은 노총각 또는 농촌총각이 하는 것으로 인식됐다. 하지만 요즘은 외국 여성과 결혼하려는 초혼신랑도 많이 늘어나고 있는 추세다. 이처럼 현대는 국제결혼 자체가 현실이고 대세인 사회에 살고 있는 것이다. 특히 우리나라 제조업 근로자는 이미 외국인 노동자들로 대체된 지 오래다. 국내에 들어와 있는 조선족을 비롯한 중국 국적 외국인은 25만여 명, 필리핀·베트남·태국 출신은 10만여 명에 이른다.

　반면 우리나라는 급격한 저출산과 고령화 추세로 세계에서 가장 아이를 적게 낳는 나라로 꼽히고 있다. 지난해 출산율은 1.16명으로 경제협력개발기구의 평균치를 밑돌고 있다. 지금까지는 프랑스가 저

출산의 대명사로 불려 왔지만 10년 후면 우리나라가 그 자리를 차지할 것이라고 한다.

게다가 세계는 지구촌화가 급진전되고 있음에도 정보화, 지역화 현상 등으로 인해 자국민과 타 국민의 문화적 차이와 집단 이익 때문에 발생하는 분규는 오히려 심해지고 있다. 이러한 서로 간의 이해와 포용심 부족으로 세계 곳곳에서 크고 작은 갈등과 분쟁이 일어나고, 많은 사람들이 그로 인해 고통받고 있는 소용돌이 속에 지금 외국 이주민들이 서 있는 셈이다.

이제는 모든 사회구성원이 다문화 가족에 대한 다양성을 인정하고, 더불어 살아가는 이웃임을 받아들여야 한다. 정부도 다문화 가족에 대한 종합적인 지원책과 함께 다양한 문화·언어 그리고 정체성을 아우르는 전문 인력을 키워 내야 할 시기다.

특히 이런 현상은 도시보다 농촌에서 더 극심할 것으로 보인다. 지금 농촌은 젊은 연령층이 전입 없이 전출만 있다. 이렇다 보니 지난해 농업경영주 중 60세 이상이 63.3%를 차지하고 있다. 게다가 여성의 사회 진출이 많아지면서 남녀 불문하고 농촌에서의 젊은 연령층 인구가 턱없이 부족한 상황이다.

전문가들은 2016년쯤에는 농촌 지역이 다인종, 다문화 사회로 접어든다고 점치고 있다. 한국농촌경제연구원은 2016년에 농촌에서 국제결혼을 할 외국인 여성과 그 자녀 수는 72만 7천여 명으로 현재보다 4.4배 이상 늘어날 것으로 예측하고 있다.

이런 추세라면 10년 후 우리 농촌시장은 농업이라는 산업적인 측면 못지않게 농촌인구 구성 측면과 농촌사회 문화 측면에 많은 변화가 일어날 것이다. 즉 농촌문화가 농업(산업적인 측면)보다 국제화 시대를 앞서 열어 가게 될 것이라는 의미다. 따라서 우리 농촌사회가 문화적 다양성을 인정하지 않으면 안 될 형편이다. 이는 이질적인 문화에 대해 배타성이 강했던 농촌 지역이 상생문화를 향한 본격적인 준비가 필요함을 예고하고 있는 것이 분명하다.

이런 변화에 적극적으로 대응하기 위해서는 다문화 가족 지원법이 한층 강화돼야 한다. 특히 농촌의 경우, 지금부터 장기적이고 종합적인 관점에서 다양한 농촌 외국인 관련 정책이 필요한 시점이다. 앞으로 우리 농촌은 여러 민족과 사람들이 활발히 교류하는 국제시대의 한 일원인 만큼, 외국 이주민들의 문화나 종교, 관습 등에 대해서도 폭넓은 이해가 필요하다. 누가 아는가, 한국의 '다문화가정 아이들' 중에서 버락 오바마 미국 대통령처럼 성공 신화를 기록할 사람들이 나올 수 있을지……

scene 17

CO$_2$ 경영

　세계를 강타한 미국발 금융위기가 좀처럼 회복 기미를 보이지 않아 모든 국민의 생활을 어렵게 하고 있다. 정부는 이에 대한 대책으로 '녹색성장을 통한 저탄소사회 구현'이라는 방안을 내놓았다. 특히 정부가 최근 공개한 '저탄소 녹색성장기본법' 제정안엔 서머타임제 조기 도입안이 포함돼 주목된다. 서머타임은 해가 일찍 뜨는 여름철에 일과를 빨리 시작하고 빨리 마감할 수 있도록 표준시간을 1시간 앞당기는 제도다. 이렇게 정부가 서머타임 카드를 다시 꺼내 든 이유는 무엇보다 서머타임제가 국민의 라이프스타일을 '저탄소 사회'로 바꾸는 데 도움이 될 것이라는 판단에서다.

　부언하자면, 서머타임제가 경제적 효과, 에너지 절약 효과, 일자리 창출 효과 등 다양하지만, 바로 그 중심에 탄소라벨링(상품·서비스의 생산·사용에서 배출되는 온실가스량을 표기토록 하는 제도)이 자리하고 있다.

　이에 기업들은 CO$_2$ 경영(탄소감축경영)을 통해 장기적으로 생산비용을 줄이는 동시에 환경 친화적인 소비자의 시선을 끌고 있다. 일부 기업은 이미 청정개발체제(CDM: Clean Development Mechanism) 사업에 뛰어들었다. CDM 사업은 개발도상국에 투자해 얻은 온실가스 감축분을 온실가스 감축실적에 반영할 수 있게 한 것으로, 확보한 탄소 배출권을 시장에서 거래할 수 있기 때문이다.

무엇보다도 탄소라벨링은 규제보다는 저탄소 제품 패러다임으로의 전환을 촉진해 시장 친화적으로 탄소 배출을 감축시키는 효과를 나타낸다. 국내에서는 올해부터 시범적으로 10개 제품에 실시하고 있다. 탄소라벨링제도가 현실적으로 성과를 나타내기 위해서는 탄소라벨링 제품 및 저탄소제품을 소비자들이 적극적으로 구매하는 저탄소 제품 소비문화가 확산돼야 하며 이를 촉진하기 위해 경제적 인센티브가 제공되고 다양한 방식의 홍보가 추진될 필요가 있다.

농수산식품 분야도 예외는 아니다. 먹을거리 안전에 대한 관심이 그 어느 때보다 높은 요즘에는 친환경 먹을거리에 대한 수요가 더욱 커지고 있다. 지역 단위에서는 CO_2 경영 움직임이 수년 전부터 본격적으로 실시되고 있고, 수도권에서도 점점 확산되고 있는 분위기다.

그런데 기업에서는 그렇지 못한 것 같다. 비용에 대한 문제도 있을 테고, 적절한 공급 방안을 찾기가 쉽지 않은 측면도 있는 것 같다. 그렇지만 사원들의 먹을거리 안전과 더불어 지역 친환경농산물 사용으로 지역사회에 적극적으로 기여할 수 있어 기업의 사회적 책임의 관점에서도 괜찮은 방법이다. 더 나아가 'CO_2 경영'을 정착시킬 수 있다.

지금까지 'CO_2 경영'과 관련한 이력추적관리제, 원산지표시제, 친환경농산물인증, 우수농산물인증 등 기존의 농산물 인증제도 등이 존재한다. 하지만 원료재배·제품생산·수송·유통·폐기 등 농산물 및 가공식품의 전 과정에 대한 안정성 및 환경성 관련 정보 제공이 아직은 미흡하다.

선진국들은 공산품 못지않게 농수산식품 분야의 탄소라벨링을 훨씬 적극적으로 추진하고 있다. 농수산식품에 탄소라벨링을 하게 되면 제품이 상대적으로 온실가스 배출량이 적기 때문에 농수산식품의 소비 촉진에 기여할 수 있는 부수적인 효과도 발생하기 때문이다. 즉 농산물 재배·가공식품 생산·유통 및 폐기 전 과정에 대한 온실가스 배출량을 산정해 농수산식품의 안정성과 환경성에 대한 종합적인 정보를 제공할 수 있다는 얘기다. 앞으로 탄소 감축 노력이 기업을 평가하는 잣대가 될 것이고, 친환경 경영은 기업의 직접적인 이익으로 이어질 것이다. 우리 기업도 'CO$_2$ 경영'에 적극적으로 관심을 가져야 할 때다.

scene 18

패밀리가 뜬다

주 5일 근무제와 토요휴업일 정착으로 '가족과 함께'가 이슈다. 지 난해 SBS <패밀리가 떴다>가 예능 프로그램으로는 이례적으로 30% 의 시청률을 기록하더니, KBS 2TV <1박2일>도 최근 방송에 시청자 가족이 등장하고 있다.

'가족'이란 콘셉트를 내세운 것은 뭐니 해도 요즘 최고 예능프로그 램으로 사랑받고 있는 <패밀리가 떴다>와 <1박2일>에서도 드러나 듯 '패밀리'가 핵심이다. 여러 연예인들이 농어촌마을을 찾아 합숙하 며 패밀리 사이로 발전했다. 이처럼 예능계 주 흐름인 '가족 콘셉트' 트렌드에 맞춰 가족과 함께하는 농어촌 현장체험활동들도 다양하게 이뤄지고 있다. 예컨대 놀토일이 아이들에게 특별한 날이 되면서, 놀 토와 관련된 사업이 뜨고 있다는 얘기다.

특히 팜스테이는 먹을거리, 볼거리, 할 거리를 한꺼번에 즐길 수 있는 일석삼조 여행이다. 게다가 아이들 교육에는 현장을 직접 찾아 가 체험하는 것만큼 좋은 것은 없다. 고운 빛으로 물들인 손수건을 만드는 천연염색체험도 해 보고, 두 사람씩 호흡을 맞춰 디딜방아도 찧어 본다. 구수한 시골밥상으로 배를 채우며, 산새소리를 들으며 잠을 청한다. 감나무집, 산약초 캐는 집, 소 키우는 집 등, 민박집 인심이 이름만큼이나 아름답다. 이렇게 '팜스테이'는 숙박시설은 물론 한지체험, 황토염색체험, 섬진강 강태공 체험 등 다양한 프로그램을 제공한다.

농협에서는 팜스테이 대상마을 선정 시, 5호 이상의 다수 농가가 참여하는 마을로서 자기 지역 고유의 특화된 프로그램을 상품화할 수 있는 곳 등을 개발해 지도 지원을 아끼지 않고 있다. 게다가 도시민을 대상으로 한 연중 다양한 프로그램을 개발하여 보급 중이다.

각 농가에서는 가족단위의 고객을 개별적으로 또는 대표농가를 중심으로 유치해 농가별로 프로그램을 운영 중에 있으며, 단체인 경우는 대표농가를 중심으로 마을에서 프로그램운영 등을 협의해 공동으로 프로그램을 진행하고 있다.

이런 팜스테이 프로그램 진행은 참여농가 상호 간 협조 속에 이뤄지고 있다. 농번기 때는 영농에 지장을 주지 않는 범위에서 운영되고 있으며, 가능하면 사전에 이용객의 협조를 구해 영농체험을 일손 돕기 형태로 지원받기도 한다.

이에 농협은 부가서비스도 제공하고 있다. 지난 2006년부터 국내에서 시판 중인 거의 모든 내비게이션 장비에 '팜스테이마을' 위치 안내서비스를 시작했다. 지도정보서비스 업체인 콩나물닷컴에서도 농촌관광 마을로 각광받고 있는 팜스테이마을을 찾아가는 길을 검색할 수 있다. 아울러 새로 시판되는 일부 내비게이션 장비의 경우에는 '팜스테이농가'의 연락처와 체험 거리, 특산물 그리고 마을사진 등 다양한 내용들도 함께 수록해 도시민들이 '팜스테이마을' 정보를 더욱 편리하게 확인할 수 있도록 했다.

기존 내비게이션 이용고객은 내비게이션 제공업체에서 운영하는 홈페이지에서 업데이트하면 '팜스테이마을'의 위치정보 서비스를 받을 수 있다. '팜스테이마을'은 현재 전국적으로 200여 마을이 참여하고 있으며 지난 한 해 동안 이용인원이 100만 명을 넘어섰을 정도로 도시민들의 가족단위 체험관광과 휴양지로 손색이 없다. 이뿐만 아니라 농산물 시장 개방 확대로 어려움을 겪고 있는 농촌의 농외소득 증대와 농촌 활성화에도 크게 기여하고 있다.

앞으로 팜스테이를 이용하는 도시민은 더 증가할 것이다. 따라서 현재 추진 중에 있는 팜스테이 사업의 성공적인 정착을 위해 기존의 팜스테이 참여마을을 기반으로 점차 인근 지역 마을도 참여를 유도, 다수의 농가가 마을단위 농외소득 증대를 창출할 수 있도록 여건을 조성해 나가야 할 것이다.

scene 19

새로운 화두 저탄소 녹색성장

최근 우리나라는 글로벌 경제위기와 지구온난화로 상징되는 '환경' 위기를 오히려 재도약의 기회로 삼기 위해 '저탄소 녹색성장'이라는 새로운 국가 발전 패러다임을 설정했다. 본래 녹색성장은 개발과 함께 환경수용력을 확대시키기 위해 경제 발전과 환경 보전을 동시에 추구하는 지속 가능 개발의 개념에 근거한다.

이 녹색성장은 탄소배출권과 관련이 깊다. 교토의정서 따라 의무 당사국들은 1990년을 기준으로 2008년에서 2012년까지 이산화탄소 배출량을 평균 5% 수준으로 줄여야 한다. 유럽과 일본 등은 이미 교통의정서를 통해 할당받은 온실가스 감축목표를 이행 중이며, 우리나라도 2013년부터 온실가스 감축의무를 이행해야 한다. 우리나라 온실가스 총 배출량은 5억 9천110만 톤으로 매년 4%씩 늘어나고 있다. 세계적으로는 10번째로 온실가스를 많이 배출하는 나라이다.

한편 온실가스 감축에 성공한 나라들은 감량한 양만큼의 탄소배출권을 사고팔 수 있다. 이에 따라 이산화탄소배출량이 많은 기업들은 이산화탄소 배출 자체를 줄이거나 배출량이 적은 국가의 조림지 소유업체로부터 권리를 사야 한다.

전 세계적으로 탄소배출권 시장규모가 올해 1,187억 달러 규모고, 2020년에 2조 달러를 넘어설 것으로 예상된다. 현재 전 세계 배출권 거래량의 80%가 영국 런던 유럽 기후거래소에서 처리되고 있다. 지난해 거래규모가 28억 톤으로, 우리나라 돈으로 환산하면, 100조에 달하고, 수수료 수입만 약 223억에 이른다. 이에 미국이 녹색성장을 위해 사활을 걸었는가 하면, 영국·독일·일본 등도 녹색혁명을 위해 팔을 걷어붙였다.

우리나라도 2011년까지 탄소배출권 거래소를 세우겠다는 계획으로 준비하고 있다. 그 일환으로 부산시가 탄소배출권 실시간 거래시스템을 구축하고, 시범사업 참여 40개 기관이 참여한 가운데 2/4분기 탄소배출권 실시간 거래시장을 개설했다.

아울러 우리나라는 전 세계로부터 농업기술 전수의 러브콜을 받고 있다. 파라과이는 지난해 6월 루고 대통령이 당선자 신분으로 직접 협력을 요청했고, 우간다의 부케냐 부통령·르완다 무레케 시 농업부 장관 등 정부 고위직 인사들이 '러브콜'을 했다. 이는 그만큼 한국의 농업기술이 전 세계적으로 인정받고 있고, 개발도상국들이 자국의 빈곤 타파와 농업·농촌 개발을 위해 우리나라의 선진 농업기술 전수를 원하고 있음을 의미한다.

우리나라가 이들 나라를 돕는 것은 국가브랜드 가치를 높여 장기적으로 국익에 도움이 된다. 또 1인당 배출량이 이미 서유럽국가나 일본과 비슷하고, 온실가스 배출량 세계 9위, 누적배출량 22위 등에 이른 점을 고려할 때, 국제사회의 책임 있는 일원으로 행동하는 동시에 국익도 챙겨야 할 상황이다.

농업분야는 이 같은 국내외 흐름이 최대 기회가 될 수 있다. 농림업은 기본적으로 국토이용 면적 대비 온실가스 배출량이 적은 친환경적 산업이고, 삶의 질을 높일 수 있는 생활공간이다. 따라서 '저탄소 녹색성장'은 농업·농촌의 새로운 성장 동력이 될 수 있다. 실제로 산업적으로 이용하는 바이오매스자원(연간 228만 5,000톤)의 84.5%가 농림업 쪽에서 제공되고 있다. 농축산업이 '저탄소 녹색성장'을 주도하는 산업으로 전환되기 위해서는 농협 같은 생산자단체의 역할이 절대 필요하다.

첫째, 농업생산자단체는 시설농업 분야와 식품 분야의 녹색성장을 주도해야 한다. 시설농업 분야의 경우 축산·시설원예 등 화석원료를 쓰는 농가가 태양열·지열·지하환기·바이오가스 등 신·재생에너지로 시설을 교체할 때 필요한 자금을 대출하는 방안이다. 또 국산 농산물을 원료로 쓰는 부가가치가 높은 식품산업을 육성하기 위해서는 음·식료 제조업과 음식업 사업자에게 우대금리로 대출하는 방안도 강구되어야 한다.

둘째, 녹색성장과 관련된 환경금융상품의 지속적인 개발은 물론, 녹색금융 관련 식품업체에 대한 대출과 녹색 농기업 대출상품 개발, 아울러 친환경농산물 잔류농약 관련 소비자 손해를 배상하는 보험상품, 녹색펀드 조성, 친환경 녹색카드 개발 등 적극적인 개발이 요구된다.

셋째, 정부 추진 녹색산업인 태양광·풍력·발광다이오드(LED) 등 유망 분야에 적극적인 투융자 지원과 아울러 친환경농업을 활성화해야 한다.

아울러 미국에서는 탄소를 사고파는 거래시장(시카고 기후거래소)이 있는데 여기서 농경지 토양탄소 흡수와 관련해 상당한 양이 거래되고 있다. 우리도 이러한 제도를 도입하여 농업인에게 새로운 소득원이 생길 수 있도록 대책을 강구해야 할 것이다.

scene 20

귀촌(歸村)의 진실

　최근 경제위기 한파가 몰아닥치며 삶의 터전을 도시에서 농촌으로 바꾸는 '귀촌'을 생각하는 도시인들이 있다. 하지만 귀촌을 계획하는 사람들 대부분 마당 앞에 호수가 펼쳐져 있는 목가적인 영상을 떠올린다. 물론 마당의 잔디를 깎고 있으면 세상의 번잡함은 다른 세상의 이야기가 된다. 전원생활은 도시에서 느끼지 못한 여유로움이기 때문이다. 바쁜 도시생활 속에서 건강을 해친 사람들이 시골에서 자연과 함께하면서 건강을 되찾은 사례도 많다. 부부와의 대화시간이나 자녀들과 어울려 함께 이야기할 수 있는 시간이 많아지는 것도 전원생활이다. 도심의 아파트에서보다 훨씬 많은 가족들의 추억을 만들 수 있다. 이렇듯 여유로움과 건강한 삶을 되찾을 수 있고, 삶의 질을 높여 살 수 있는 것이 바로 전원생활이다. 내 손으로 내가 살 집을 손수 짓고, 가꾸며 산다는 것은 현대인들에게 있어 큰 축복이다. 또 먹을거리가 문제 되는 요즘 직접 기른 채소와 과일을 식탁에 올리고 가족들이 안전한 식사를 할 수 있는 것도 전원생활의 큰 행복이다.

　반면 도시와 농촌의 문화 차이, 힘든 농사일, 경제적 문제 등 삶의 터전을 바꾸는 '귀촌'은 생각보다 그리 녹록지만은 않다. 시장은 멀고, 생활 편의시설들은 부족하다. 마당의 잔디도 직접 가꾸어야 하고, 간단한 집수리도 손수 해야 하고, 텃밭도 가꿔야 한다. 마당이나 텃밭은 하루만 관리를 안 해도 잡초가 무성하다. 마음의 준비 없이 귀촌생활을 시작할 경우, 얼마 못 가 힘들어진다. 귀촌생활을 하려면, 조금의 불편함과 적적함쯤은 여유로 알고, 즐길 줄 알아야 하고, 이런 여유를 즐기기 위해 귀촌생활을 하는 것이다.

우선 주말농장과 같이 농촌과 친할 수 있는 방법을 찾아내 연습을 해 본 후 시작하는 것이 좋다. 준비 없이 귀촌생활을 시작했을 때 막상 살다 보면, 원했던 환경이 아닐 수 있고, 지역에 따라서는 주민들과 예상치 못한 갈등이 생길 수도 있다. 또 심사숙고하지 않은 채 자신의 모든 것을 올인해 땅과 집을 크게 하여 시작하면 꼭 문제가 생기므로 작은 것부터 천천히 준비한 후 규모를 키워 나가는 것이 좋다. 욕심을 앞세워 땅도 크게, 집도 크게 시작하면 비용도 많이 들고 전원생활이 아닌 전원에 매여 살게 된다. 처음부터 욕심내지 않는 자제력과 연습을 해 보는 지혜가 필요하다. 특히 전원생활 차원을 넘어 농사를 짓기 위한 귀촌을 결정할 때는 반드시 사전에 귀농과정별 분석 정리가 필요하다.

첫째, 작목선택이다. 농사는 자본의 순환기간이 길고, 농지 구입 및 생산시설을 마련하는 데 많은 자본이 소요되는데다 고도의 기술이 필요하기 때문에 자기의 능력과 자본을 고려하여, 작목을 신중하게 선택해야 한다.

둘째, 영농기술 습득이다. 작목이 선정되면, 그에 관한 영농기술을 농협, 농촌진흥청, 귀농운동본부 등에 설치된 귀농인 교육프로그램이나 또한 성공한 농가의 견학, 현장체험을 통해 충분히 배우고 익혀야 한다.

셋째, 정착지 물색이다. 작목을 선택한 후에는 자녀교육 등 생활여건과 선정된 작목에 적합한 입지조건이나 농업여건들을 고려하여, 정착지를 물색하고 결정해야 한다. 정착지에 관한 정보는 인터넷을 이용하여 수집할 수도 있지만, 직접현장을 방문하는 것이 바람직하다.

넷째, 주택과 농지가 구입되면, 합리적이고 치밀하게 영농계획을 세워야 한다. 농작물을 수확하는 데 최소 6개월에서 최대 4~5년이 걸리므로 자신 있는 작물, 가격변동이 적은 작물, 기술과 자본이 적게 드는 작물을 중심으로 영농계획을 수립하여, 귀농 첫해부터 어려움을 피해 나가는 편이 좋다.

귀촌생활은 분명 불편한 진실이다. 이런 불편함을 즐거워할 수 있는 사람이라야 전원생활의 진짜 재미를 느낄 수 있기 때문이다. 반면 원예사들이 모래판에 꺾꽂이를 하는 것은 그 이유가 있다고 한다. 영양소가 풍부한 땅에서는 식물의 자생력이 퇴화되지만, 모래밭에서는 자생력이 살아나 부족한 영양소를 스스로 찾기 때문이다. 많이 가진 것이 오히려 불행을 자초할 때가 없지 않다. 역설적이지만, 진정한 결핍은 때론 삶의 원동력이 되기도 한다. 이런 경우, 귀촌은 불편하지 않은 진실이 된다. 귀촌이 불편한 진실이든 불편하지 않은 진실이든 농촌은 더 이상 사람이 줄어서는 안 되는 상황에 처해 있다. 하지만 농촌의 어려움과 좋은 점을 함께 알고 와야 실패하지 않는다는 교훈은 잊지 말아야 할 것이다.

도시민이 찾는 농촌 만들기

故 노무현 전 대통령은 농촌에 남다른 애정이 있었던 것 같다. 퇴임 후 고향으로 돌아가 정착하고자 했던 분이다. 은퇴 후에는 모든 것을 접어두고 상대적으로 낙향을 택하는 사람이 많은 일본은 '올 라잇! 닛폰(All Right! Nippon) 운동'의 열기가 뜨겁다. 도시와 농촌 간 교류를 촉진시켜 종국적으로 도시민들이 직장에서 은퇴한 뒤 고향으로 돌아가자는 일본식 회귀운동이다. 선(先) 민간운동, 후(後) 행정지원을 원칙으로 하고 있다. 일본은 이를 위해 '100만인 농·산·어촌 회귀 선언'을 하고 시민단체인 '고향회귀지원센터'를 통해 도시 은퇴세대들의 귀향 운동을 전개하고 있다.

최근 '올 라잇! 닛폰'의 화두는 어메니티(경관)가 좋은 지방에서 도시민과 농민들이 여름휴가 기간에 활발하게 교류하여 상호 간 생활문화를 즐기게 하는 것이다. 이를 위해 농·산·어촌 체험 민박집이나 인터넷마을 홍보활동도 업그레이드됐다.

우리나라도 이를 본받아야 한다. 이를 위해서는, 첫째, 농촌 지역의 어메니티를 자원화해야 한다. 농촌의 특성이 살아 있는 어메니티는 우리 농촌이 갖고 있는 든든한 자원이다. 농촌은 도시를 흉내 내기보다 도시에 없는 자원을 발견해야 한다. 도시의 가치관에서 탈피하고 농촌다움을 보존하고 가꾸어야 한다. 여기에는 자연자원, 문화자원, 사회자원이 있다. 자연자원에는 수자원, 지형자원, 동식물자원, 환경자원 등이 속하고 문화자원에는 전통문화, 사찰, 돌담길, 전통가옥 등이 해당한다. 사회자원에는 시설자원, 경제자원 등이 있다.

둘째, 농촌 문제는 종합적이고, 실사구시적으로 대응해야 한다. 우리 농촌은 65세 이상 인구가 30.8%를 차지할 정도로 초고령화 사회로 진입했고 이로 인한 농촌 사회의 문제는 심각한 수준이다. 10년 후에는 대부분의 자연부락이 지역사회로서의 유지가 불가능한 한계지역으로 전락할 가능성이 매우 높다. 65세 이상이 50%를 넘고 가구 수가 9호 미만이면 환경유지 등 지역사회의 유지가 불가능한 한계지역이 된다는 것이다. 자연환경이 파괴되어 인간이 살 수 없는 지역이 된다면 이것은 농촌 문제가 아니고 국가적인 재앙이다. 정부와 국민 모두가 농촌 문제에 관심을 갖고 대처해야 한다. 그리고 농촌체험활동을 하나의 교육으로 보아야 한다. 유럽이나 일본에서는 농촌체험이 청소년의 심성 교육에 중요한 영향을 준다고 여긴다. 일본의 경우 중·고교생은 한 해에 7일 이상 농촌체험을 실시하도록 지침을 내리고 있고, 초등학생은 '어린이 농산어촌 교류 프로젝트'를 2008년부터 실시하도록 했다. 이제는 구체적이고 실사구시(實事求是)적인 방법으로 접근해야 한다.

셋째, 농업의 고차산업화를 창조해 내야 한다. 농업이 농산물을 생산하여 공급하는 1차 산업에 머물러서는 전망이 없다. 2차, 3차 산업까지도 농업의 범위에 넣고 생각해야 한다. 농업인이 생산한 농산물은 20조 원 정도다. 전 국민이 식생활을 위해서 지불하는 금액은 대략 100조 원이 넘는다. 수입 개방 등으로 농산물 생산액은 점차 감소할 것이지만 식생활을 위한 지출은 점점 증가할 것이다. 친환경농산물을 생산해서 농업인이 판매하는 직매장도 적극적으로 검토해야 한다. 이러한 농산물로 가공하여 판매하는 농가식당도 농촌을 찾는 소비자를 대상으로 운영해야 한다.

넷째, 도농교류를 위한 연구센터 설립이 필요하다. 농촌환경이 급변하고 있다. 아울러 농촌마을종합개발사업 등 많은 자금이 투자되고 있다. 이를 받아들이는 일선 행정과 농업인이 시행착오를 겪지 않도록 교육과 컨설팅이 필요하나, 이를 담당하는 적절한 기관은 많지 않다. 자금이 효율적으로 투자되도록 하기 위해서는 도시와 농촌의 교류를 종합적으로 연구하고 교육과 컨설팅을 해 줄 연구기관이 필요하다.

다섯째, 농촌과 도시 간 새로운 형태의 교류가 많이 만들어져야 한다. 전국에는 도시와 소통이 필요한 농촌마을들이 많이 존재한다. 이런 소통을 위해 농촌의 정보인프라도 구축되고, 교육지원사업도 이루어졌지만, 도시와 소통하기에는 부족한 부문이 많다. 정보화마을이나 웰촌처럼 도시와 농촌의 교류를 지원해 주는 곳이 있지만, 도시와의 소통보다는 그 안에서 농촌끼리의 교류 중심으로 이루어졌다. 이제는 농촌과 도시의 소통을 돕는 블로거가 많이 만들어져야 한다. 최근 정보화마을에서 만든 블로거 입문서가 농촌 지역에 배포되어 교육교재로 활용되고 있다. 이런 새로운 형태의 교류는 농촌과 도시가 더 활발하게 소통되는 계기가 될 것이다.

scene 22
에너지와 '농업'

  에너지에는 신(new)에너지와 재생(renewable)에너지라는 게 있다. 이런 신재생에너지는 석유, 석탄, 원자력, 천연가스 등 이른바 '화석에너지'가 아닌 여타 에너지 분야를 가리킨다. '신'에너지는 수소, 연료전지, 석탄액화가스 등 3종을 지칭하고, '재생'에너지는 태양열, 태양광, 바이오 에너지, 풍력, 수력, 지열, 해양, 폐기물 등 8종을 포함한다. 예컨대 무한정 사용할 수 있는 자연적인 것으로 태양, 바람, 물, 지열 등 농업(agriculture)과 직결된다.

  여기서 애그리컬처(agriculture)란 '땅의 문화'를 뜻한다. 농업은 식량을 생산하는 동시에 사람이 살기에 적합한 환경을 조성하고 다양한 전통문화를 형성하는 데 큰 역할을 담당해 왔다. 농촌사회는 농업생산 활동에서 유래하는 다양한 전통문화를 보전하며, 지역자연환경을 보호하고 지역공동체를 유지하는 기능을 수행해 왔다.

  반면 도시에는 '철'이 없다. 인공의 공간에서 살아가는 도시민들, 그들은 계절 변화에 둔감할 수밖에 없다. 그러나 농촌에서는 철과 더불어 살아가게 된다. 봄철에는 씨를 뿌리고, 여름철에는 김을 매며, 가을철에 수확을 하는 가운데 '철'을 느끼고 '철'이 든다. 오늘날 도시민들이 농촌을 찾아가는 이유 중의 하나가 여기에 있다.

특히 농촌의 특성이 살아 있는 어메니티(경관)는 우리 농촌이 갖고 있는 귀중한 자원이다. 어메니티는 도시가 흉내 낼 수 없는 자원이다. 즉 농촌다움을 보존하고 있는 매력 있는 자원이다. 여기에는 수자원, 지형자원, 동식물자원, 환경자원 등 자연자원과 전통문화, 사찰, 돌담길, 전통가옥 등 문화자원, 그리고 시설자원, 경제자원 등 사회자원이 있다.

휴가철에 유럽을 여행하고 전원 풍경의 아름다움을 극찬하는 사람들이 많다. 그 아름다움은 거저 된 것이 아니다. 온 국민이 꾸준히 노력해서 얻은 결과다. 아름다운 전원경관을 유지·보존하는 것은 국가의 품격을 높이는 길이자, 농촌 활성화를 위한 중요한 수단이기도 하다.

지난여름 녹색농촌체험 확산을 위해 농업과학기술원 농촌자원개발연구소는 방학을 이용하여, 초·중·고등학생이 가족과 함께 농촌의 자연경관, 특산자원과 생태환경, 역사 자원, 전통문화, 지명유래 등에 대한 정보를 미리 알고, 보다 체계적으로 농촌을 체험할 수 있도록 배려하였다.

또한 올해 초 편찬한 농촌 고유의 자원정보를 수록한 '농촌어메니티 100선'은 각 농촌 지역의 다양한 경관 사진과 자원의 위치 및 속성, 마을소개, 찾아가는 길, 마을지명 유래에 대한 어메니티자원의 기본현황을 잘 보여 주고 있다.

대표적인 사례로는 봉우리가 아름답고 청학이 서식하는 뛰어난 경치에서 유래한 청학마을(하동군 청암면 청학마을), 전래 문화유산이 잘 보존된 하회마을(안동시 풍천면 하회리) 그리고 임조임금이 이관의 난으로 피난하던 중 소에게 물을 먹인 소우물에서 이름이 유래된 공주시 우성면(공주시 우성면 죽당리) 등과 같이 각 지역의 어메니티 자원에 대한 흥미로운 정보를 제공하고 있다. 아울러 2005년 어메니티 자원도 구축사업을 시작해, 현재까지 1만 1천589개 마을을 대상으로 농촌다움과 쾌적한 환경을 지닌 16만 1천여 건의 어메니티를 발굴하였다.

이런 농업 농촌의 어메니티 발굴은 시장경제의 틀로서만 포용할 수 없는 신에너지와 재생에너지의 응용을 총체적으로 포함하는 종합적인 영역이다.

scene 23

사람만이 희망이다

한국 산업은 60년대 초 철광석에서 70년대 섬유, 80년대 중공업, 90년대 반도체·자동차·휴대전화로 이어지는 흐름이었다. 만약 국내 대기업이 10년마다 이어지는 성장 동력을 확보하지 못했다면 한국은 현재 위치도 확보하지 못했을 것이다. 지금 우리 손에 필요한 것은 희망의 나침반이다. 상한 갈대를 꺾지 않고 꺼져 가는 심지를 끄지 않는 신의 마음처럼 오늘, 우리 사는 세상에서 가장 목마른 단어는 막연한 바람이 아닌, 사람과 사람 사이에서 발견해야 되는 사람만이 희망이다.

따라서 '앞으로 무엇을 먹고살 것인가'라는 문제는 기업들로서는 단순한 경영전략을 넘어 생존 문제로 연결되는 '미래 화두'나 다름없다. 그런 의미에서 우수한 인재 확보는 그 무엇보다 중요하다. 특히 천연자원이 부족한 우리나라는 유일하게 우수한 인적 자원을 갖고 있으며, 이제 글로벌 경쟁시장에서 남을 좇아갈 것이 아니라 선도를 하려면 우수한 핵심인재를 뽑고 키우는 것만이 미래를 보장해 주는 유일한 길이라고 생각한다.

사상 초유의 인재전쟁 시대, 대한민국에서 가장 먼저 '인재 1등'을 선포한 삼성의 행보는 예사롭지 않다. 이미 직급체계를 뛰어넘어 인재의 관리와 육성을 중심으로 인사관리 구조를 바꾸었다. 이제 삼성에서 직급과 직책은 의미가 없다. 핵심인재들을 S급, A급, H급 등 구성원이 가진 능력과 성과를 기준으로 분류해 관리하며, 이들에 대한 정책적 배려와 대우 수준은 일반인들의 상상을 초월한다. S급 인재들은 대표이사 이상의 연봉이나 대우를 받을 수 있도록 파격적일 뿐만 아니라 경영층이 하는 업무의 대부분이 이들 인재를 멘토링하고 관리하는 일에 집중돼 있으며, 그 일에 소홀해 핵심인재 확보나 관리에 누수가 생길 경우 가차 없는 평가상의 불이익을 각오해야 한다. 인재를 평가하는 기준, 그리고 그러한 기준에 부합한 인재를 키워 내는 프로그램 자체도 그룹 차원과 각사 차원에서 해야 할 역할을 나누어 체계적으로 수행한다.

삼성의 인재들은 입사하면서부터 삼성식 사관학교에서 완전히 새로운 사람으로 다시 태어난다. 삼성 출신들이 어딜 가든 환영받는 이유가 바로 여기 있다. 자신의 업무에 미쳤다고 할 정도로 몰입할 뿐만 아니라, 자신이 어디까지 성과를 내야 하며 지금 어느 정도 수준에 와 있는지 언제든 체크할 수 있을 정도로 '질적 향상'과 '성과 배가'에 혼신의 힘을 기울인다. 그리고 조직은 그러한 인재들의 노고에 대해 파격적이고 다양한 형태 및 방법에 의한 보상을 통해 동기부여를 강화함으로써 '삼성은 역시 일등'이라는 인식을 지속적으로 유지하게 한다. 이것이 바로 글로벌 경쟁 환경에서 살아남는 삼성의 시스템력이다.

그렇다면 나는 무엇을 준비해야 하는가. 위험이 증가하는 만큼 기회도 커지는 시대가 열리고 있다. 스스로의 눈으로 세상을 전망하고 이해하며 판단하는 힘을 키워야 한다. '어떻게 살 것인가', '무엇을 준비해야 할 것인가' 같은 질문을 진지하게 던져 보고 해답을 찾아야 한다. 해답이 보이면, 열정을 가져야 한다. 열정적인 회사는 열정이 없는 회사보다 고객 충성도가 56%, 생산성이 36%, 수익성이 27% 높다고 한다. 또 사람의 몸만 고용해 쓰면 잠재력의 20%, 머리까지 고용해 쓰면 40%, 열정까지 다 사용하도록 하면 100%의 효과가 나온다는 연구도 있다. 이처럼 열정경영은 회사를 바꾸고 개인을 바꾼다. 농촌의 경우, 지금의 시점에서 우려하지 않을 수 없는 부분은 과거 농촌운동에 주도적으로 앞장섰던 농촌의 지도자가 사라지고 있는데 있다. 게다가 우리 농촌의 역사를 면면히 이어 온 다양한 가치와 정신도 갈수록 실종되고 있다. 이제부터라도 농촌은 소득의 가치를 넘는 매우 소중한 사회적 자산임을 분명히 인식해야 한다. 앞으로 활력이 떨어진 마을의 침체위기를 극복해 농촌의 새로운 전기를 마련키 위해서는 마을주민들의 자발적인 움직임이 필요하다. 그러기 위해서는 마을의 리더를 발굴하고 육성하는 문제가 가장 선결해야 할 조건이다.

scene 24

단풍산 찬가

　세상은 속도와 전쟁 중이다. 우리 사회는 불과 1~2분 사이에 모든 것이 결정되어 버리고, '느리다'는 말이 '불편하다'는 말로 바뀌어 가고 있다. 하루하루 '속도와의 전쟁'을 치르듯 살아가는 이들에게 '빠름'은 경쟁력이자 주도권의 상징이 됐고, 속도를 지배하는 사람이 결국 승자가 되는 시대가 됐다. 이것은 바로 놀라운 속도에 기반을 둔 사회가 도래한 것을 의미한다. 문제는 속도를 숭배할수록 인간소외가 깊어진다는 점이다. 신속함으로 인해 생활이 편리해졌으면 전보다 마음이 풍요로워져야 하는데 답답함을 호소하는 사람들이 더 늘어나고 있다. 근본적으로 세상의 빠른 속도가 인간의 풍요로운 마음의 척도를 빼앗아 간 까닭일 것이다.

　세상은 이미 스피드가 보장하는 속력의 단맛에 흠뻑 젖어 버렸고, 누구라도 잠깐이나마 속도경쟁에서 일탈하면 낙오가 되는 사회가 되어 버렸다. 하지만 '빠름'은 그만큼 우리를 옥죄는 장치일 수도 있다. 이런 힘든 시기에는 잠시 쉬었다가 힘내어 갈 수 있는 지혜가 필요하다.

　이럴 땐 가을 단풍산을 찾아보자. 시월 중순부터 설악산 대청봉을 서서히 물들인 단풍은 소청봉, 화채봉, 마등령으로 빠르게 하산한 다음, 지리산 자락을 만산홍엽으로 물들일 것이고, 이어 내장산으로 번져 온 산을 빨갛게 불태울 것이다. 특히 올가을 가장 먼저 단풍이 시작된 설악산 오색단풍의 화무(火舞)는 빠르게 남으로 남으로 질주하고 있는 중이다. 바야흐로 가을산은 봄여름에는 볼 수 없는 진한 색깔의 꽃들이 큰 가지, 작은 가지 할 것 없이 촘촘하게 산야를 온통 뒤덮고 있는 중이다. 말 그대로 철마다 형형색색의 옷을 갈아입는 '산중미인' 그 자체다.

봄여름 내내 태양의 양광을 흠뻑 빨아들인 나뭇잎들이 가을철 맑은 공기를, 여태껏 저축해 두었던 태양 빛을 프리즘으로 갈라 영롱하게 발산하는 단풍잎은 아무리 예찬해도 모자랄 게 없다. 무더운 여름 청량하게 땀을 씻어 주던 플라타너스 잎은 단풍으로 거듭나서 사람의 눈을 즐겁게 해 주지 못하고 된서리를 맞아 녹색 잎으로 나뒹군다. 구둣발에 밟혀 가며 천대를 받아도 걸어가는 사람에게 사색에 잠기게 하는 메시지를 주며 생각의 끈을 놓지 않게 하는 몸가짐은 자연의 순리에 묵묵히 순응해야 함을 일러 주는 교훈 아니겠는가.

가을을 따라 멀리 가지 않아도 높고 깊은 산속이 아니라도 도시를 조금만 벗어난 곳에는 단풍꽃이 활짝 피었다. 봄여름에는 볼 수 없는 진한 색깔의 꽃들이 촘촘하게 산야를 온통 뒤덮고 있다. 주위에 있는 붉고 노란 단풍나무들과 함께하며 초록을 지닌 꽃으로 맑고 싱싱하게 자리매김을 한다.

이런 단풍산은 우리들에게 어떤 속도도 요구하지 않는다. 무엇 하나 강요하는 일도 없다. 그곳에서는 시간이 빠르지도 또 더디게 흐르지도 않는다. 아무리 훌륭한 음악이라도 단풍이 불타는 소리에는 미치지 못한다. 단풍이 불타는 소리는 그 자체가 생명을 지닌 것처럼 사람들의 마음과 완전한 조화를 이루고 있다. 또한 그 소리는 아주 작고 여리기 때문에 아무나 들을 수 없을 만큼 사소하지만, 가만히 귀를 기울여 보면 사람들의 마음 내면에 쩌렁쩌렁한 깨우침을 담고 있다.

가을 산속 단풍나무 아래 덥석 누워 있다 보면 바람 지나가는 소리가 사람들 지나가는 소리만큼이나 선명하게 들리고, 머리 위로 보이는 단풍 나뭇가지에서는 빨갛게 불태우는 단풍잎 소리가 세속에 찌든 귀를 맑게 씻어 줄 것이다. 여기서 자연이 선물한 속도와 마음의 풍요를 누려 보자. 이것만이 인간성 회복의 첩경이 될 수 있다. 단풍은 그 속도가 제한돼 온 마음의 풍요로움을 회복해 줄 수 있는 계기를 만들어 낸다. 단풍이 곱게 든 산은 현대인의 눈과 마음을 동시에 빼앗음으로써 삶의 속도를 선택할 수 있게 한다.

그래서 속도는 자신이 선택하는 것임과 자신이 선택한 속도에 따라 세상이 달라질 수 있음을 깨닫게 될 것이다. 올가을, 가까운 단풍 산을 찾아 곱게 물든 단풍의 몸짓을 감상하면서 삶의 속도를 선택할 수 있는 기회를 만들어 보자.

농업인의 날에 부쳐

농업은 하늘이 우리에게 허락하는 만큼만 영위할 수 있는 생업이다. 계절이 허락하지 않으면 어떤 작물도 꽃을 피울 수 없다. 인간의 지혜가 아무리 고도로 발달한다 하더라도 이러한 자연의 섭리를 거스를 수는 없는 일이다.

하늘을 의지하고 사는 농업인은 그 어떤 경우라도 자만하지 않고 천리에 순응하며 살아간다. 그저 묵묵하게 깨끗하고 아름다운 마음을 가꾸면서 하늘의 뜻을 받아들인다. 그런 농업인들이 사는 곳이 바로 농촌이다. 아무리 산업화와 공업화가 세상을 지배하는 것 같지만 인간생활의 기초가 되는 농업의 뒷받침이 없는 한 그것은 한낱 사상누각에 지나지 않는다. 과학이 발달하면 할수록 인간은 자연으로의 회귀를 더욱 절실히 요구하게 되는 귀소본능은 더욱 강해지게 마련이다. 따라서 사람이 돌아가야 할 최후의 보루는 땅이라고 할 수 있다. 이런 농업은 인간이 생존하는 데 필수적인 식량을 생산하는 기본적인 역할과 함께 홍수조절·대기 및 수질 정화·토양 침식 방지·기후순화 등의 환경을 보전하는 다양한 기능을 갖고 있다. 이를 경제가치로 환산하면 67조 6천632억 원에 달한다.

그리고 농심(農心)은 자연의 법칙과 생명의 원리에 따라 인간의 모든 정성을 기울여 생명체를 가꾸어 가는 농업인의 마음이다. 우리 민족의 본래의 본성이라고 할 수 있다. 농심은 '콩 심은 데 콩 나고, 팥 심은 데 팥 난다'는 소박하지만 합리적인 사고를 바탕으로 하고 있다. 농사는 수고하고 공들인 만큼 결실을 가져다준다. 허황된 한탕주의나 불로소득을 노리는 투기와는 거리가 먼 것이 농심이다. 농업인은 생명과 가치를 창조하는 생산자로서, 자연의 섭리에 순응하고, 자연과 한 몸이 돼 함께 호흡을 하는 사람이다. 이런 농업인의 가슴속 깊이 자리하고 있는 농심을 잃어버리고 살다 보면 사회는 혼란해지고, 인성은 피폐해질 수밖에 없다. 이런 농심 속에는 자연과 더불어 사는 지혜가 녹아 들어가 있다. 뿌린 대로 거두는 소박함 속에는 과욕과 탐욕을 경계하는 절제의 미덕이 함축돼 있다. 각자의 마음속에서 알게 모르게 사그라지고 있는 농심의 불씨를 되살리는 것만이 피폐한 인성을 회복할 수 있다.

최근 국립중앙박물관에서 열린 배용준의 첫 저서 「한국의 아름다움을 찾아 떠난 여행」의 출판을 알리는 기자간담회에서 배용준은 "농부가 되고 싶다"라는 깜짝 발언으로 눈길을 끌었다. 배용준은 집필과정에서 체험한 전통문화 중 무엇이 가장 본인과 잘 맞느냐는 취재진의 질문에 주저 없이 '농사'를 꼽았다. 그는 '무언가를 심어서 열매를 맺게 하고 건강한 음식을 누군가에게 주는 건 행복한 일이라고 생각한다. 땅을 밟고 싶고 흙을 만지고 싶다. 그래서 농부가 되고 싶다'라고 밝혔다.

2009년 제14회 농업인의 날 행사를 앞두고 있다. 제대로 된 세상이라면 농업이 가장 부러운 직업의 하나가 돼야 한다. 아마 새로운 미래 세계에는 지금과는 달리 농업이 가장 부러운 직업 중의 하나가 될 것이다. 그것은 시대의 흐름과 사람들의 보편적인 행복 추구라는 측면에서 그렇게 될 것이라는 확신이다. 앞으로 시대를 주도할 산업은 생명과 환경 산업이 될 것이라는 것은 전문가들이 인정하고 있다. 반도체를 넘어 나노 산업시대로 우리 세계는 서서히 옮아가고 있다. 그러한 시대에는 결정적 생명산업인 농업이 현재와 같은 구태의연한 과거 산업이 아니라 새로운 시대에 걸맞은 선도적 생명산업으로 탈바꿈하게 될 것이라고 생각한다. 그런 의미에서 사람들이 가장 하고 싶어 하는 직업이 될 것이라는 전망을 갖는다. 아울러 비슷한 소득이라면 자연을 벗 삼아 일하고 생명을 다루는 직업이 당연히 누구나 하고 싶은 일이 되지 않을까? 지금까지 산업화 과정에서 농업의 희생과 역할이 제대로 평가받지 못하고 있다. 이제는 진정으로 농업이 생산자 단체로서 가치를 인정하고 농업인을 대우하는 사회가 되도록 정부와 농협, 농업 유관 기관이 그 역할과 책임을 다해야 할 것이다.

scene 26
쌀을 먹어야 하는 이유

농업('健康')이냐, 국익(國益)이냐? 이 말은 농업보존과 경제성의 딜레마를 선명하게 나타내는 표현이다. 이러한 사안이 발생했을 때 국익당은 정서적으로나 현실적인 면에서 유리하나, 농촌당은 수세에 몰릴 수밖에 없다. 왜냐하면 경제성을 따지기 위해서는 애당초 완벽한 농업 보존이란 불가능하기 때문이다.

하지만 작금의 농촌사정은 다르다. 얼마 되지 않은 한반도 땅덩어리, 그나마 온갖 개발에 희생돼 점점 줄어들고 있는 논에서 나는 쌀도 적게 먹어 남아돌고 있다. 한편에서는 경쟁이 되지 않는 쌀 생산을 줄이고 대신 공산품을 팔아 사 먹으면 되지 않느냐는 논리며, 수매한 쌀을 더 이상 쌓아 둘 창고조차 없다고 하는데 농업인들은 살길이 막막하다고 한숨을 내쉬고 있다. 과연 게임법칙에 의한 샅바싸움이 언제까지 진행될지 가히 염려가 되는 대목이다.

수확철이 지나면서 포만감과 뿌듯함이 가득해야 할 농업인은 물론 농업 관련 단체 및 지자체 관계자들의 마음이 편치 않다. 그동안 안정적인 쌀값을 지탱해 오던 정부의 추곡수매제도가 폐지된 후 공공비축제도가 생겼으나 수매물량이 줄어들고 시가 매입으로 쌀값은 좀처럼 안정되지 못하고 있는 실정이기 때문이다.

먹지 않고 사는 사람은 없을 텐데, 국토의 70%가 산지로 이루어져 얼마 되지 않는 논에서 나는 쌀조차 남아돈다는 현실과 비만으로 군살을 주체하지 못하는 또 다른 엄연한 현실을 어떻게 받아들여야 할 것인가? 쌀 소비규모가 감소하는 것과 반비례해 다이어트 시장은 커지고 있다. 도대체 사람들이 무얼 먹기에 이런 웃지 못할 현상들이 생긴단 말인가?

사람이 건강을 유지하기 위해 섭취해야 하는 곡식의 양은 국민 평균 한 끼에 쌀 150g 정도다. 이를 1년으로 계산하면 한 사람에게 필요한 쌀은 160kg(쌀 2가마)이다. 이런 계산법으로 우리 국민 모두가 매 끼 쌀을 먹는다면, 752만 톤이 필요하고, 금년에 생산된 쌀 468만 2천 톤보다 약 283만 8천 톤이 더 필요하다. 이렇게 우리가 필요한 적정량의 쌀을 소비한다면 쌀이 남아돌기는커녕 많이 수입해야 하는 형편이다. 오히려 쌀이 남아돈다니 도대체 어떻게 된 것인가? 사람은 칼로리가 될 만한 것을 필요한 만큼 먹지 않으면 병적으로 야위게 된다. 그러나 주위에 건강하게 야윈 사람을 찾아보기는 쉽지 않은 게 현실이다. 오히려 너무 많이 먹어 비만으로 스스로 목숨을 단축시키고 있다. 그렇다면 쌀 대신 무엇인가를 먹고 있다는 것이고, 그것도 필요 이상으로 많이 섭취하고 있다는 말이다. 사람들은 쌀 대신 고기, 알과 젖, 분식과 설탕을 먹는다. 그것도 병이 될 정도로 말이다. 포식한 상태에서 어떻게 쌀을 먹을 수 있겠는가?

젊은이들이 떡보다는 피자나 빵을 더 좋아한다는 것은 새로운 뉴스가 아니다. 맥도날드가 세계의 입맛을 지배하기 위해 세력을 확장하고 있는 이때에 우리 쌀을 이용한 다양한 먹을거리가 개발돼야 하겠다. 쌀이 밀과 비슷한 성분을 갖고 있기 때문에 어려운 일은 아니라고 판단된다.

이제는 쌀을 공산품의 반대급부에 해당하는 손실보험쯤으로 여겨서는 안 된다. 오늘의 쌀 문제는 농업인의 문제만이 아니라 우리 모두의 생존 문제다. 먹어야 할 것을 먹지 않고 먹지 말아야 할 것을 먹는 데서 생기는 현상이다. 쌀을 먹어야 산다. 쌀은 본래 천덕꾸러기가 아니었다. 다만 소비를 덜했기 때문이다. 쌀을 주식으로 하는 검소한 식생활은 쌀 문제를 해결하는 방법임과 동시에 자신의 건강을 지키고 생태계를 보존하고 나라의 주권을 지키는 유일한 방법이다.

scene 27

쌀은 우리의 생명

　바깥 기온이 차갑다. 어느새 겨울이 찾아온 모양이다. 세월이 멈춰 선 듯 고즈넉한 고향을 떠올리고 있노라니, 불현듯 어릴 적 고향 마을회관 거울 위에 붙어 있던 밀레의 <만종> 그림이 생각난다. 당시 밀레의 <만종(晩鐘)> 그림은 지금까지도 가슴속에 행복의 이미지로 아로새겨지고 있다.

　가난한 농부의 아들로 태어난 밀레는 일생 동안 일하는 농부들을 그의 화제로 삼았다. 마을 사람들이 푼푼이 모아 준 노자로 파리에 가서 그림 공부를 했고, 고향에 돌아와서는 농사를 지으면서 그림을 그렸다. 살기 위한 괴로운 노동을 그리려고 한 밀레의 자세는 농촌 인구가 도시에 많이 유입해 농촌이 황폐해지는 시대를 반영했다. <이삭줍기>, <만종>, <양치는 소녀>, <씨를 뿌리는 사람> 등 대표적인 작품만 보아도 농촌지킴이 역할을 얼마나 톡톡히 해냈는가를 알 수 있는 대목이다. 하지만 '농촌지킴이'였던 밀레의 슬픈 사연은 오늘을 사는 우리에게 잔잔한 감동과 교훈을 던져 준다. 당시 농촌의 아름다운 전원과 농부들을 그렸지만 당시에는 그를 알아주는 사람이 없었다. 밀레는 화려한 거실에 걸리는 그림이 아닌 살아 있는 그림을 그리고자 했다. 이러한 밀레의 마음을 이해해 주는 사람은 친구인 철학자 루소와 아내뿐이었다. 밀레가 <접목을 하고 있는 농부>를 그리고 있을 때였다. 그림 한 점 팔지 못한 밀레는 불기 없는 냉방에서 그림을 그렸으며 아내와 아이들은 며칠째 굶고 있었다. 식량과 땔감이 떨어진 것이다. 그림을 완성한 밀레가 기쁜 얼굴로 가족들을 돌아봤지만 아내와 아이들은 핼쑥한 얼굴로 웃고 있었다. 밀레는 너무나 미안한 마음에 목이 메었다. '어서 빨리 이 그림을 팔아서 양식을 구해 와야지.'

밀레가 주섬주섬 옷을 입고 있는데 친구인 루소가 찾아왔다. "여보게 밀레, 내가 기쁜 소식을 가져왔네. 드디어 자네 그림을 이해하고 사겠다는 사람이 나타났단 말일세." 루소는 자기 일처럼 기뻐했다. "그런데 그 사람이 나에게 돈을 주며 대신 그림을 골라 오라고 부탁했네. 자, 여기 돈 받게나." 루소는 두툼한 지폐 뭉치를 밀레의 손에 쥐어 주며 말했다. 그리고 밀레가 막 끝낸 그림 <접목을 하고 있는 농부>를 들고 돌아갔다.

그리고 몇 년이 흘렀다. 밀레가 루소의 집을 방문했다. 루소는 마침 외출 중이어서 밀레는 루소가 올 때까지 기다리기 위해 방으로 들어갔다. 그런데 한쪽 벽에 낯익은 그림 한 점이 걸려 있는 것을 보게 됐다. 그 그림을 본 밀레는 깜짝 놀랐다. 그것은 몇 년 전에 밀레가 그린 <접목을 하고 있는 농부>였던 것이다. 루소의 따뜻한 마음을 안 밀레의 가슴은 뭉클해졌다. 그의 눈엔 눈물이 가득 차올랐다.

'쌀'농사. 요즘 우리에게 익숙하게 들리는 단어다. 초국적 자본의 힘에 눌려 쌀 개방이 현실화된 입장에서 쌀 가격 보장을 위한 농업인의 저항과 투쟁은 어쩌면 당연하다. 문제는 대다수의 국민들은 쌀 개방으로 인해 이후 우리들에게 어떤 재앙이 따를 것인가에 대해 심각성을 느끼지 못하고 있다는 데 있다. 하지만 어떠한 일이 있어도 쌀만은 지켜야 한다. 쌀은 생명이다. 그러기 때문에 앞으로도 그 누군가는 쌀농사를 지을 것이며 그 쌀을 짓는 사람이 이제는 곳간 열쇠를 가지게 될 것이다. 이젠 그 열쇠를 가진 농업인에게 우리의 생명을 의지할 수밖에 없는 상황이 올 것이다. 그래서 우리의 생명을 지키기 위해 쌀을 지켜야 한다.

그런 의미에서 이 시대를 살아가는 우리에게 밀레의 만종은 '경종'을 울려 주고 있는 것이다. 보지 않았던가. 석양을 등지고 손을 모으고 기도하면서 서 있는 두 사람을. 그 기도는 농촌을 끝까지 지키겠다는 농민들과 그들의 모습을 그림에 담은 밀레의 다짐이다.

scene 28
농촌희망 찾기

동해 바닷가에 자리 잡고 있는 정동진은 예전 <모래시계>라는 드라마의 촬영지가 된 후 무척이나 유명해진 동해안의 관광지다. 어디를 가든 관광지 주변에는 관광객들의 기억이 될 만한 기념품을 판매하는 곳이 있게 마련이다. 특히 정동진 주변에는 무엇보다도 모래시계를 파는 상인들이 무척이나 많다. 아마도 드라마 촬영지의 영향 때문인 듯하다. 크고 작은 다양한 크기, 그리고 속에 든 모래의 여러 가지 색깔들이 지나는 손님들의 발길을 붙들고 있다.

지난 주말 사우나에 갔다가 모래시계를 다시 만날 수 있었다. 내가 가 본 모든 사우나에는 일반시계 대신 모래시계가 있었다. 그때마다 <모래시계>라는 드라마가 문득 떠오르곤 했다. 추억 속 <모래시계>가 방영된 지도 벌써 10년이 흘렀다. 그런데도 모래시계 속에는 10년이 지난 오늘 내 가슴을 뭉클하게 해 주는 전율이 있다. 그 전율은 무엇일까. 다름 아닌 1분의 사랑과 여유다. 즉 모래시계가 수동식인 까닭에 일반 초시계보다 시간이 소모되는 느낌이 다르다. 느낌상 금방이지만 실제로는 오래 간다는 느낌이 든다. 여기에 차분하게 생각할 수 있는 1분의 여유가 있다.

이처럼 1분이란 시간을 어떻게 인식하느냐, 어떻게 활용하느냐에 따라 인생은 크게 달라진다고 한다. 눈앞의 1분을 제어할 수 없다면 인생 자체도 제어할 수 없다. 어떻게 해야 1분을 내 것으로 만들어 최대한 활용할 수 있을까. 혹자는 '그 짧은 시간에 뭘 한다고'라고 반문할 수도 있다.

하지만 평소에 의식하지 못하는 1분이라는 시간을 유심히 살펴보면 1분 속 위대한 교훈이 있다. 예컨대 사람의 심장은 1분에 60~80회 정도로 뛰며, 뇌는 산소 공급이 1분만 안 되어도 치명적인 손상이 생긴다고 한다. 문제는 1분이라는 시간이 하늘에서 뚝 떨어진 시간이 아니라는 데 있다. 풍부한 경험만이 1분 노하우를 만들어 낼 수 있다.

그동안 전통적 식량 생산의 터전이었던 농촌이 수입개방에 따른 국제경쟁력 약화와 쌀이 남아돌면서 새로운 소득원 창출이라는 과제가 발등의 불로 떨어졌다. 농촌과 농업이 더 이상 식량 생산이라는 단순기능에서 벗어나 도시민의 휴식공간으로, 전통 체험학습장으로, 도시와 농촌의 교류를 이어 주는 네트워크를 통해 부가가치를 높이는 상생의 장으로 옮겨 가기 위한 몸부림이 시작되고 있다.

과연 농촌은 희망이 있는가. 도심으로 향하는 탈농촌행렬은 언제까지 지속될 것인가. 4천700만 인구 중 농업인구가 350만 명으로 줄어들고 있다. 이는 거스를 수 없는 시대적 흐름의 역사적 과정이다. 하지만 우리에겐 희망이 있다. 도심 속 초시계는 자동으로 돌고 있지만, 도농 간 균형발전이라는 큰 틀을 지키기 위해 '농촌 속 희망 찾기'와 '농촌사랑운동'을 범국민적으로 펼치고 있다. 아울러 적막강산으로 변해 가는 농촌의 아픔이 도시의 고통으로 다가온다는 사실을 전 국민이 깨닫기 시작했다.

우리 농촌엔 모래시계가 돌아가고 있다. 다시 생각할 수 있는 1분의 여유가 있지 않은가? 서러운 노래를 부르기 전에 단 1분만 희망의 노래를 부르자. 농촌은 도시의 요람처요, 도심이 찾는 비상구요, 도시민의 심적인 고통을 치료해 주는 의료원이라는 사실을……

그런 점에서 드라마 <모래시계>는 힘겨운 농촌에 희망적인 교훈을 주고 있다. 예컨대 우리의 일생을 모래시계에 담긴 모래라고 생각해 보자. 모래시계는 갑자기 많은 모래를 통과시키려 들면 구멍은 막히게 되고 고장 나고 만다. 서두르면 서두를수록 일은 더 엉키고, 더 늦어지는 경우를 많이 본다. 이런 때 1분의 여유가 더욱 필요한 시점이다. 농촌은 민족의 뿌리요, 생명의 근원인 삶의 보금자리요, 민족경제를 지켜 나가는 파수꾼이라는 사실을 우린 잊지 말아야 한다. 그래서 우리 국민 모두는 농촌사랑운동에 동참하고 있다.

1분만 생각하자. 생각하는 동안 농촌을 향한 축복의 모래시계는 지금도 흘러내리고 있다. 모래시계를 파는 상인들의 뒤로 보이는 끝없이 펼쳐진 푸른 동해 바다처럼, 장대하고 아름다운 우리의 꿈과 소망을 안고서……

농촌 다문화가정의 중요성

　최근 국제결혼을 통한 다문화가정이 증가함에 따라 다문화가정의 사회문화적 적응과 통합이 중요한 문제로 부각되고 있다. 다문화가정의 중요성이 날로 커지면서 정부, 민간기업 그리고 대학 등에서는 다문화가정을 지원하기 위해 많은 교육 프로그램들을 실시하고 있다. 그러나 이들의 부분적 성과는 인정하지만 이들 사업의 축제와 같은 일회성·중복성·비체계성 등이 비판받고 있는 것 또한 현실이다.

　특히 농촌에서 다문화가정은 더 이상 낯선 풍경이 아니다. 농업인 10명 중 4명은 외국인 여성과 결혼한다. 2007년에 혼인한 남성 농업인 7천930명 중 40%인 3천172명이 외국인 신부를 맞아들였다. 얼마 전까지만 해도 국제결혼은 특별한 경우로 인식됐지만 2000년대 들면서 급격히 증가하는 추세를 보이고 있다. 이런 추세가 계속된다면 오는 2020년에는 농촌의 여성 결혼이민자 수가 7만 4천 명으로 늘어날 것으로 예상된다.

　2008년 기준 농촌에서 살고 있는 여성 결혼이민자 수는 2만 8천240명이다. 우리나라의 농가와 어가를 합한 농어가 수가 130만 호 정도 되니까 100가구 중 2가구 정도가 다문화가구가 되는 셈이다.

지역별로는 경기도가 4천661명으로 가장 많고 그 다음이 전남(4천219명), 경남(3천865명) 순이다. 다음으로 충남 3천462명, 경북 3천402명, 충북 2천398명, 전북 2천503명, 강원 2천84명, 제주 387명, 특별시와 광역시 1천258명 등이다.

농촌 여성 결혼이민자의 연령은 35세 이하가 70%로 평균연령은 30.6세다. 농촌의 여성 농업인의 평균 연령이 62세인 점을 감안하면 이들이 고령화된 우리 농촌에 새로운 활력을 불어넣는 주요한 역할을 하고 있고, 앞으로 우리 농업·농촌을 이끌어 갈 주역으로 자리매김하고 있음을 알 수 있다.

농촌 여성 결혼이민자와 남편과의 연령 차이는 12.6살로 다소 많은 편이다.

국적별로는 베트남 신부가 45%로 가장 많고 그 다음이 중국 25%, 필리핀 15%, 캄보디아 6% 등이다. 이들의 학력은 필리핀 출신의 65%가 대졸로 베트남이나 캄보디아 출신에 비해 학력수준이 높다. 농촌의 다문화가정의 자녀는 1명인 경우가 42.3%로 가장 많고 2명이 28.1%, 3명이 10%인 것으로 나타났다. 그러나 이들이 아직 젊기 때문에 평균 2명의 자녀를 출산할 경우 2020년 19세 미만의 농가인구 중 절반 정도가 다문화 자녀가 될 것이다.

결혼생활의 만족도는 남편과 부인 모두 80% 정도가 만족하고 있고, 농촌 여성 결혼이민자의 60%가 농사 경험이 있다고 한다. 그러나 결혼생활에서 어려움을 겪고 있는 부분도 적지 않은데 가장 큰 것이 한국어에 익숙하지 않아 의사소통이 잘 안 되고 있는 것과 한국, 특히 농촌의 가치관이나 풍습 등 문화적 차이를 극복하는 문제라고 한다.

이제 다문화가정은 우리 농촌에 있어서 새로운 인적 자원이며, 머지않아 우리 농업과 농촌을 이끌어 가는 핵심적 역할을 담당할 것이 분명하다. 지금 이 순간 이들이 우리 사회에 잘 적응할 수 있도록 정책적 지원과 더불어 사회적 관심과 배려가 무엇보다 필요하다.

이를 위해서는 중앙부처 간의 역할 분담과 협조체계를 구축하고 정부, 시민사회, 결혼이민자 가족, 결혼이민자 당사자 등의 역할 분담 및 파트너십이 필요하다. 아울러 다문화가정을 위한 주요 정책과제로 다문화가정 관련법의 개선, 농촌 다문화가정을 위한 사이버 지원체계 구축, 혼인 당사자들의 사회경제적 여건에 대한 정확한 정보 제공 및 사전 교육 실시, 농촌 다문화가정 서비스 전달체계의 개선, 다문화가정 대상 영농교육의 개선, 영농기반 구축 및 다문화 후계세대 육성, 농업 관련 산업 및 비농업 경제활동 지원 등이 강화돼야 한다.

설날 신토불이 마케팅 전략

보름여 있으면 설날이다. '설'이란 단어를 떠올리게 되면 사람들은 설렘, 기다림, 그리움 같은 아름다운 감정들이 피어나기 시작한다. 어린 시절 설날이 가까워지면, 서울로 돈 벌러 가신 삼촌이 어떤 선물을 사 오실까 하는 기대감에 밤잠을 설친 기억이 있다.

당시의 선물들은 종합선물 세트나 새 고무신, 의복 등이었다. 또래끼리 이 골목 저 골목 몰려다니면서 선물 자랑하느라 온 동네가 떠들썩했다.

올 설날에도 우리 전통식품으로 선물하자는 문구가 여기저기 눈에 들어온다. 전통식품 베스트 5에 들어간 업체들의 제품 추천도 있고. 100% 순수농산물로 만들어진 제품들을 선물하자는 캠페인도 전개되고 있다.

이처럼 전통농산품과 설날과의 만남은 그나마 농산품의 부가가치를 창출해 낼 수 있는 확실한 기회다. 이런 때 민족명절과 전통농산품을 잘 연결시켜야 더 높은 부가가치를 창출할 수 있고, 농촌도 좀 더 넉넉해질 수 있다. 그러기 위해서는 농축산품 시장에도 파레토 마케팅(80:20법칙적용)이 필요하다.

80:20 분석은 20%의 소비자가 전체 매출액의 80%를 차지하고 있다는 것을 의미하며, 비교 가능한 두 자료를 근거로 그들 간의 관계를 파악하는 방법이다. 예를 들어 100명이 설날에 정기적으로 농축산물로 선물한다고 하자. 이 중에는 그야말로 전통식품 베스트 5를 모두 구입하는 사람도 있을 것이고, 고작 전통주 한두 병 정도만 사 가는 사람도 있을 것이다.

그들에게 이번 설날에 전통농축산품을 얼마나 선물했는지 각자 써내도록 한 다음, 가장 많이 선물한 사람부터 위에서 차례로 이름을 써내려 간다. 그러고 나서 위의 20명이 구입한 농축산품의 양을 더해 본다. 이런 식으로 가장 전통농축산품을 많이 구입한 소비한 상위 20%를 찾아내는 것이다.

이때 중요한 것은 핵심적인 소수를 찾아내는 것이지 80:20이라는 숫자에 얽매일 필요는 없다. 만일 숫자로 측정할 수 없을 경우에는 80:20식 사고가 필요하다. 즉 80%의 결과를 만들어 내는 20%가 과연 누구인지 또는 어느 것인지 파악해야 한다. 80:20식 분석과 80:20식 사고란 이렇게 해서 찾아낸 20%에 집중해야 한다는 뜻이다.

시장에서는 농업도 기업이다. 즉 농기업이면서 벤처기업이다. 농기업에 있어 80:20 원칙을 적용하기 위해서는 우선 농기업의 농축산품을 살펴보고, 그들의 수익성을 조사한 후, 수익성이 높은 것에서부터 차례대로 나열을 해 보아야 한다. 이렇게 하면 어떤 농축산품들이 수익성이 높고, 낮은지를 파악할 수가 있다.

특히 전통농산품 판매 시 가장 중요한 20%의 고객이 누구인지 알아내고 이들에게 집중해야 한다. 이들을 붙들어 두기 위해서는 네 단계를 거쳐야 한다. 첫째, 20%의 고객을 찾아내라. 둘째, 20%의 고객에게 지나칠 정도로 훌륭한 서비스를 제공하라. 셋째, 새로운 제품을 만들거나 기존 제품을 개선시켰을 때 목표 고객은 바로 그 20%의 고객이 돼야 한다. 넷째, 어떻게 해서라도 그 20%의 고객은 붙들어 두어야 한다.

이를 위해서는 조건이 필요하다. 즉 제품들이 진짜 100% 우리 농산물로 만들어진 전통식품인지, 소비자들이 안심하고 믿고 구입할 수 있는지에 대한 철저한 품질검사 및 보증이 뒷받침되어야 한다. 아울러 소비자의 구매 패턴을 파악하고 분석하며 소비자의 욕구가 어떠한지 판단할 필요가 있다.

설이 눈앞에 다가왔다. 민족명절과 전통농축산품을 잘 연결시킬 수 있는 최고의 기회다. 이런 때 농축산품 시장에도 파레토 마케팅(80:20법칙)을 적용해 보면 어떨까.

scene 31
씨앗은 소중한 자산

개구리가 겨울잠에서 깨어난다는 경칩이 다음 달 6일이다. 이때 농촌의 봄은 드디어 시작된다. 씨 뿌리는 수고가 없으면 결실의 가을에 거둘 것이 없듯 경칩 때부터 부지런히 서두르고 씨 뿌려야 풍요로운 가을을 맞이할 수 있다. 이처럼 경칩은 봄의 상징이며, 농사의 시작이다. 하지만 근래에는 논밭 속에 놀고 있는 흙들이 많다. 이는 우리 농촌이 자체적으로 가지고 있는 여러 가지 문제점, 즉 농가소득 감소, 고령화 등 해결해야 할 문제가 산적해 있다는 것을 의미한다. 그러다 보니 우리 삶의 터전이자 바탕인 생명의 흙들이 겨울잠을 자고 있다.

그러나 논밭의 흙들이 부지런히 움직여야 흙은 생명체로서 가치가 있다. 한 줌의 흙 속에는 수천 수억의 토양미생물이 살아 숨 쉬고 있는 까닭에 흙을 바탕으로 식물도 자라고 사람도 살아간다. 어쩌면 사람과 흙은 서로 나누어져 있는 것이 아니라 하나를 이루는 인토불이(人土不二)다. 이 때문에 흙속이 병들면 사람도 병약해진다. 병든 흙속은 삶의 터전을 황폐화시키고 그 흙속에서 난 농산물은 우리의 몸을 해치게 된다. 또한 흙은 오곡백과를 생산해 우리를 먹여 주고 섬유를 만들어 우리의 몸을 보호해 준다. 우리가 살아 숨 쉴 수 있는 것도 흙이 식물을 키워 산소를 생산해 주고 뭇 동물이 쏟아내는 온갖 배설물과 쓰레기를 분해해 우리의 환경을 깨끗이 정화해 주기 때문이다. 게다가 이 세상의 모든 만물은 흙이 베풀어 주는 은혜 없이는 존재할 수 없다. 흙이 생명체로서 살아 있어야만 모든 만물이 비로소 소생하고 인간에게 밝고 쾌적한 미래를 보장해 준다. 그래서 흙은 생명의 어머니다. 그 까닭에 농촌의 위기를 기회로 삼아 희망의 씨앗을 뿌리고 있는 마을도 늘고 있다.

어촌자원의 감소로 수산부문 소득이 줄어들고 있는 상황에서 친환경시범단지를 조성해 천혜조건을 갖춘 무논에 친환경 쌀을 생산해 고소득을 올리고 있는 강원도 고성군 거류면 봉림마을, 산기슭에 각각 다른 크기와 모양으로 108층 계단을 이룬 다랭이논으로 도시민에게 볼거리와 체험을 팔아 소득을 창출하고 있는 경남 남해군 다랭이마을, 한계 농지를 효율적으로 활용한 좋은 사례로서 앞으로 중산간지역 유휴토지 활용의 좋은 모델로 자리 잡게 될 경남 밀양시 평리마을 등이 대표적인 농촌마을들이다.

개방화 시대에 농촌은 무엇으로 살아남을 수 있을까? 다음 얘기를 읽어 보면 한결 이해가 빠를 것이다. 한 남자가 꿈속에 시장에 갔다. 새로 문을 연 듯한 가게로 들어갔는데, 가게주인은 다름 아닌 하얀 날개를 단 천사였다. 그 남자가 이 가게엔 무엇을 파는지 묻자 천사가 대답했다. "당신의 가슴이 원하는 건 무엇이든 팝니다." 그 대답에 너무 놀란 그 남자는 생각 끝에 인간이 원할 수 있는 최고의 것을 사기로 결심하고 말했다. "마음의 평화와 사랑, 지혜와 행복, 그리고 두려움과 공포로부터 자유를 주세요." 그 말을 들은 천사가 미소를 지으며 말했다. "선생님 죄송합니다. 가게를 잘못 찾으신 것 같군요. 이

가게엔 열매는 팔지 않습니다. 단지 씨앗만을 팔 뿐이죠.”

숯과 다이아몬드는 그 원소가 똑같은 탄소라는 것을 아시는지요? 그 똑같은 원소에서 하나는 아름다움의 최고 상징인 다이아몬드가 되고, 하나는 보잘것없는 검은 덩어리에 불과하다는 사실을! 인생을 살아가는 데 신은 인간에게 공평하다고 본다. 어느 누구에게도 씨앗은 똑같이 주어지지만 그것을 다이아몬드로 만드느냐, 숯으로 만드느냐는 자신의 선택에 달려 있다. 또한 인생은 다이아몬드라는 아름다움을 통째로 선물하지 않는다고 본다. 단지 가꾸는 사람에 따라 다이아몬드가 될 수도 있고, 숯이 될 수도 있는 씨앗을 선물할 뿐이다. 이 세상에 자연법칙이 있다는 사실은 다들 알고 있다. 물론 자세히 모를 수는 있지만 어쨌든 우리는 그 법칙들을 경험하며 살고 있다. 이래도 논밭에 씨앗을 뿌리지 않을 것인지.

scene 32
로하스의 땅

봄이 오는 길목이다. 강바람은 이미 차가운 기운을 잃고 꽃향기 헤치고 봄소식을 실어 오고 있다. 하얀 눈 밑에서도 푸른 보리가 자라듯 봄은 겨울에도 숨어서 희망을 키우고 있었던 모양이다. 들녘에선 벌써부터 따스한 햇볕이 속삭이고 있고, 조금 있으면 신록향기 그윽한 봄나물이 지천으로 뒤덮여 코끝을 자극할 것이다. 그리하여 농산촌 마을은 온통 달콤한 꽃향기로 가득 찰 것이다.

이런 화사한 봄 빛깔을 진열해 놓는다면 그 길을 다니는 사람들은 아무런 대가도 지불하지 않고 꽃향기를 맡을 수 있는 혜택을 입게 된다. 이처럼 무형자산에 대한 새로운 인식이 부각되면서 선진 각국에서는 '로하스'가 하나의 사회문화로서 급속히 정착하고 있다.

최근 몇 년간 '웰빙 마케팅 전쟁'이 지속된 후, 여기서 한발 더 나아간 개념이 '로하스(LOHAS-Lifestyles of Helth and Sustainability)'다. 이는 웰빙의 폭넓은 개념으로 자신의 건강과 더 나아가 세계 경제·문화·환경·정치와 인간의 마음·육체·정신을 연계한 소비활동을 하는 것을 의미한다.

로하스 족은 건강, 환경, 사회적 책임 등 자신의 가치관에 비춰 구매를 결정하고 있다. 로하스 시장 전문지인 주간 '로하스저널'은 미국 내 로하스 소비자들은 성인 인구의 30% 수준인 6천300만 명, 구매력을 연 2천300억 달러로 추정하고 있어 그 규모를 실감할 수 있다. 특히 이 가운데 환경 친화적인 생활용품, 유기농식품과 재생섬유, 생태관광 등이 포함되는 생태적 라이프스타일 관련 시장이 가장 비중이 크다.

국내에서도 환경단체 등이 주축이 되어 로하스 운동을 전개하고 있다. 천연재료를 이용한 각종 생활용품과 친환경 소재를 전면에 내세우는 상품도 속속 출시되고 있다. 로하스 아파트, 로하스 펜션, 로하스 식품, 심지어 '로하스 노래방'까지. 우리 사회에서 로하스라는 용어는 이제 더 이상 낯설지 않다.

이처럼 트렌드에 밝은 기업들이 가장 빨리 로하스 개념을 이용해 재미를 톡톡히 보고 있다. 이제 우리 농산촌도 유기농 식품뿐만이 아니라 유기농 섬유 재배나 농산촌 체험관광을 통한 로하스사업을 적극적으로 추진해야 한다. 그러나 현재 국내에 유통되는 유기농 상품들은 대부분 수입품이 많다. 따라서 농산촌의 천연원료를 활용해 제품의 재료를 판매하는 '로하스 산업'과 '로하스 체험관광' 등이 활성화되어야 한다.

이렇게 될 때 기업과 농산촌이 서로 윈-윈 할 수 있다. 이를테면 최근 중국산 고춧가루, 콩 등이 대량 유입되는 바람에 국내 농가가 타격을 받고 있다. 이런 식품은 하루도 식단에서 빠져서는 안 되기 때문에 토종원료를 사용해 로하스 양념, 로하스 장류 등 완제품을 만들어 농협 등과 제휴해 전략적으로 판매하는 것이 필요하다. 또한 고령화 시대에 발맞춰 농촌에 맞춤형 전원 주거단지, 체재형 주말농원과 은퇴농장 등 다양한 형태의 전원마을을 만들어 가는 것은 물론,

수요자의 취향에 맞는 다양한 형태의 공간을 늘려 나가 도시민의 농촌 이주를 도와야 한다.

실례로 만경평야를 끼고 있는 김제시의 경우 1만 9천여 평에 조성된 시립노인종합복지타운을 운영하고 있다. 지금 이 시간에도 농촌과 산촌을 찾고 있는 도시민들이 있을 것이다. 한편에서는 찾아올 그들을 위해 맞이할 준비를 하느라 마을사람들이 분주하기 그지없을 것이다. 도시와 농촌의 만남, 사람과 자연의 만남, 그 속에서 우리가 어떤 모습으로 어떻게 만나야 하는지는 스스로에 달려 있지만, 중요한 것은 로하스 땅, 농산촌에서 진정으로 즐기는 일일 것이다.

진정으로 즐겨야 알고 싶어지고, 우리가 아는 만큼 자연과 숲은 모든 것을 보여 줄 테니까, 농촌과 산촌에서 참사람 냄새가 나는 기회가 많아질 때 설레는 '로하스 땅'으로 변화될 것이다.

scene 33

봄나물은 귀한 보약

완연한 봄이다. 자연은 봄을 만나 생명의 싹을 피우지만, 새봄이 왔다고 마냥 좋아만 할 일도 아니다. 봄의 산뜻함을 제대로 느끼기도 전에 춘곤증 등 계절병에 속수무책 당할 수도 있기 때문이다. 춘곤증은 겨울철보다 신진대사가 늘어나면서 생기는 현상이다. 그 이유는 갑작스런 대사의 항진으로 겨울보다 여러 영양소의 소모가 현저히 많아지기 때문이다. 그래서 충분히 휴식을 취해도 온몸이 나른해진다.

여기에다 중금속과 미세분진 부유물이 포함된 '불청객' 황사가 찾아오는 계절이기도 하다. 건강의 적-황사의 공습은 생각보다 심각하다. 올해 기상청에 따르면 서울을 기준으로 봄 황사 발생일은 1980년대에 3.9일이었지만 1990년대에는 7.7일로 늘어났고, 2000년 이후에는 12.8일까지 증가했다. 20여 년 만에 발생일수가 3배 이상 늘어난 셈이다.

우리나라에서 관측되는 황사의 크기는 1~10㎛ 정도이며 3㎛ 내외 입자가 가장 많다. 이로 인해 호흡기 질환 등 인체의 건강에 영향을 미쳐 그 피해를 우려하는 목소리가 높다. 이처럼 황사의 규모와 양이 더는 방치해서는 안 될 만큼 심각한 상태에 이르고 있다.

그렇지 않아도 봄철에는 각종 전염성 질환이나 알레르기 질환, 우울증 등이 악화하기 쉬운 계절인데, 춘곤증과 불청객 황사까지 우리를 괴롭히고 있다. 이럴 때 귀한 보약이 있다. 바로 자연이 인간에게 선사한 선물 '봄나물'이다. 봄나물은 기후와 토양에 따라 보이지 않는 상호작용을 통해 우리들의 몸의 리듬을 잃지 않게 해 주는 데 있어 매우 중요한 제철 농산물이다.

온실재배 기술이 발달해 농산물의 제철 개념이 점차 없어져 가는 것은 어쩔 수 없는 추세라고 하자. 그러나 다른 것은 몰라도 봄나물만은 꼭 봄에 챙겨 먹는 것이 좋다. 비타민과 무기질이 풍부한 봄나물은 제철인 봄에 그 진가를 최대한 살릴 수 있기 때문이다. 특히 봄나물은 겨울에 재배된 같은 품종에 비해 최대 10배가 넘는 비타민이 포함된 것으로 알려졌다.

푸른빛을 띤 쑥과 달래·두릅·냉이·씀바귀·죽순 등 향긋하면서도 쌉싸래한 봄나물은 보기만 해도 식욕을 돋운다. 이 중에서도 봄철 가장 인기가 좋은 봄나물은 역시 냉이가 으뜸이다. 도시를 벗어나 들녘에만 나가면 지천인 냉이를 직접 캐 먹는 즐거움은 그 무엇과도 비길 수 없는 행복감이 아닐까 싶다. 또 산나물의 왕이라 불리는 취나물은 칼륨과 비타민·아미노산 함량이 특히 많이 들어 있는 알칼리성 식품으로 향기와 독특한 맛이 산나물 중의 으뜸이다. 황사가 심한 날엔 삼겹살을 산나물과 곁들여 먹으면 좋다. 그 밖에 체질별로는 '양인' 미나리·민들레·죽순, '음인' 취나물·쑥·냉이가 좋다고 한다. 더불어 자기 체질을 몰라도 한 가지만 고집 않고 골고루 먹으면 보약이 된다고 한다.

봄나물은 동면에서 깨어난 요즘이 최적이다. 갑작스런 기후 변화와 겨울 동안 고갈된 각종 영양소의 부족을 채워 주기 때문이다. 비타민과 각종 영양소가 풍부한 제철 봄나물을 섭취해 봄이 전하는 싱싱함만큼이나 나른한 봄을 생기 있게 바꿔 보자.

최근 국적불명의 이름도 생소한 외래종 야채가 우리 식탁을 점령하고 있다고 한다. 우리 몸에는 우리 민족이 수천 년 동안 먹어 오던 나물과 야채를 먹는 것이 우리 몸의 유전자에 가장 적합하다. 건강한 삶은 멀리 있지 않다.

제철에 나는 신선한 봄나물을 찾아 가까운 들과 밭으로 나가 보자. 흙과 더불어 봄 향기를 맡으며 몸에 좋은 봄나물까지 캔다면 일석다조의 효과를 보게 될 것이다. 그리고 가정마다 봄 향기 가득한 봄나물을 식탁에 올려 보자. 금세 잃었던 입맛과 기운을 되찾을 수 있을 것이다.

녹색농업은 건강 경쟁력의 핵심

자연은 놀라운 치유 능력을 갖고 있다. 출근길에 지친 몸으로 사무실에 막 들어섰을 때 책상 위에 놓인 작은 녹색식물을 보며 미소를 지어 본 경험이 있을 것이다. 자연의 산물인 녹색을 보면 눈의 피로가 풀리는 것처럼 우리 눈은 본능적으로 녹색을 편안하게 느낀다고 한다. 병원에서도 환자를 시각적으로 안정시킬 목적으로 수술실 의사나 간호사들이 녹색 가운을 착용한다. 당구대나 트럼프놀이판 바닥은 시야를 어지럽히거나 피곤하게 하지 않게 하기 위해 녹색을 쓴다. 학생들의 눈을 편하게 하려고 학교 교실 칠판을 녹색으로 만들었다는 건 익히 알고 있는 얘기다. 이뿐인가? 주방 세제를 녹색 계열로 만들고 심지어 풀을 뜯어먹는 가축들도 녹색을 보면 반가워한다.

이 밖에도 우리 생활의 녹색이 쓰이는 곳과 녹색의 효과는 참 다양하다. 이는 녹색이 그만큼 스트레스 해소에 도움을 준다는 증거일 것이다. 녹색식물을 보고 있으면 심신이 안정되고 알파파가 증가되어 사고력과 기억력이 증진된다는 연구 보고는 이를 뒷받침한다.

녹색식물은 사람의 건강증진에도 좋다. 우선 녹색식물은 인간에게 산소를 주고, 탄산가스를 흡수함으로써 환경을 정화시켜 준다. 다음으로 녹색식물은 태양의 빛을 이용해 이산화탄소(CO_2)와 물(H_2O)을 화합시켜 포도당이나 녹말과 같은 탄수화물을 만들기 때문에 우리가 먹는 밥이나 채소가 녹색식물이다. 이처럼 녹색식물의 세포 속에는 타원형의 구조물인 엽록소가 많이 들어 있기 때문에 사람에게 필수적인 식물들의 잎은 대부분 녹색 계열의 색을 띤다. 따라서 자연의 산물인 녹색은 사람의 건강 증진과 스트레스 해소라는 두 마리 토끼를 잡을 수 있는 묘약인 동시에 농업과 밀접한 관계가 있다.

교육학자 리브스(R. H. Reeves)는 동물학교라는 책에서 동물들은 각각 신이 창조한 목적대로 살아갈 때 가장 우수한 능력을 발휘한다고 했다. 다른 목적을 요구하거나 타고난 재주를 다른 곳에 쓴다면 아무런 힘도 발휘할 수 없다는 것이 그의 이론이다.

동물들이 모여 학교를 만들었다. 그들은 달리기·오르기·날기·수영 등으로 짜인 교육과정을 짜 놓고는 행정 편리를 도모하기 위해 모든 동물이 똑같이 같은 시간에 이 네 과목을 수강토록 했다. 오리는 수업을 가르치는 선생보다 수영과목을 훨씬 잘했다. 날기도 그런대로 다른 동물과 비교해 잘 해냈다. 그러나 달리기와 오르기는 낙제 점수를 받을 수밖에 없었다. 토끼는 달리기를 가장 좋아하고 잘했으나 수영 때문에 정신적으로 많은 충격을 받아 신경쇠약에 걸릴 지경이 되었다. 다람쥐는 오르기에서는 남다르게 잘했지만, 날기가 문제가 되었다. 독수리는 날기에는 다른 과목보다 뛰어난 성적을 보였지만 다른 과목은 전혀 수업에 들어가지 않는 문제 학생으로 전락하여 버렸다. 결국 수영을 잘하면서 달리기와 오르기, 날기를 조금씩 할 줄 아는 뱀장어가 가장 높은 점수를 받아 학년 말 졸업식장에서 졸업생 대표가 되었다.

교육은 학생 자신이 가지고 있는 특기와 잠재력을 머릿속에서 끄집어내어 능력을 발휘하고 그 특기와 잠재력을 이용해 더 많은 발전을 할 수 있도록 도와주는 것이다. 그런데 최근에 와서는 농과계 대학을 졸업해도 농업과 관련 없는 직장을 구하는 사람들이 늘고 있다. 이러한 비농업 선호 현상은 개인이 가지고 있는 능력을 발휘하는 데 문제가 있거니와 인재들의 수급 현상을 왜곡시켜 농과계 대학의 학생 수가 줄어들고 있으며, 그의 질도 상대적으로 떨어지고 있는 실정이다. 농업은 건강 경쟁력의 핵심이다. 농업에 취미와 특기를 가진 위대한 학생들을 농업교육 속으로 돌아오게 할 특단의 대책이 시급하다.

scene 35

한국농장 세계 진출 기속화해야

　근래 농업분야의 해외투자 자유화와 기업의 해외농업 투자에 대한 비판시각 완화로 농업분야의 해외진출 가능성이 높아지고 있다. 하지만 우리나라의 해외 농업개발 사업은 대체적으로 미흡하다는 평가다.

　지금까지 우리나라에서 진행되어 왔던 해외 농업개발사업의 유형은 사업형태와 사업내용에 따라 두 가지로 대별된다. 1960년대부터 남미를 중심으로 국가가 주도해 온 '농장개발형'과 1980년대 이후 민간기업 주도에 의한 필요 농산물의 자국 수입을 목적으로 하는 '개발수입형'이 그것이다.

　우리나라 해외 농업개발 사업은 과거 국가 주도에서 1990년 이후 대기업 중심의 민간 주도 형태로 전환되고 있다. 이는 남미에서의 농업이민 위주의 해외 농업개발사업 실패를 계기로 경제성에 기반을 둔 수익성 사업 중심으로 전환되면서 나타난 형태다. 특히 우리나라의 경우, 국제 전문가의 부재와 국내 정책의 연장선상에서 해외 농장이 개척되고 있어 기술과 품질을 무기로 한 해외 현지농장과의 경쟁에서 밀려나고 있다.

　소농(小農)구조에 맞는 우리 농업기술이 현지의 대농(大農)구조에 통하지 않고, 시설원예 중심의 우리 농업기술을 곡물류 위주의 해외 농장에 접목시키는 데는 그 한계가 있다. 그러다 보니 농산물 생산으로 자생력을 갖추기보다는 선교사업 등 종교적인 성격을 띤 농장이 많아 현지 국가로부터 지원받기가 어려운 상황이다.

이처럼 해외 농장 진출의 어려움에도 불구하고, 농업 수출국들은 이 같은 해외농업 개발을 농업 경쟁력의 관건으로 보고 세계 각지에 현지화 생산단지를 조성하는 데 적극 투자하고 있다. 이는 해외 농업 개발이 생산비용 하락과 노동시장의 형성을 통해 외부 경제를 창출하는 등 자국 내 생산 농가를 보호하는 하나의 방편이 됨은 물론 장기적으로 농업 경쟁력에 유리하기 때문이다.

이제 한국 농업도 전략적인 품목을 선택해 적극적으로 세계 농업 시장에 진출해야 한다. 앞으로 해외 농장 진출은 한국 농업 부문의 하나의 돌파구가 될 수 있다.

한국의 농업 진출은 대만과 이스라엘보다 높은 농업기술을 가지고 있어 북한과 연해주 지역에서의 값싼 인건비와 저렴한 토지 이용료 등은 훌륭한 투자조건이 될 수 있다.

하지만 유럽의 선진 농업국 기술에는 많이 부족한 상황이다. 그러므로 한국이 진출할 수 있는 지역은 한정되어 있으며 기술적인 우위의 시설재배와 일부 품목에 대한 중점적인 지원으로 자생력과 현지 적응력을 높여 점차적인 발전이 필요하다.

또한 진출국의 지원은 필수이며, 현지생산, 현지판매 등의 전략적인 측면은 시장 접근성이 높은 몽고와 중국이 유리하다.

한국에서 생산단가가 높은 국화 등 초화류의 육묘는 베트남 남부와 인도네시아 및 말레이시아 등의 진출이 가능하나 베트남 남부 중산간 지역이 가장 유리하다.

현지 생산가공을 통한 수출 전진기지로는 일본과 아시아시장을 겨냥한 베트남 북부지역과 유럽시장을 겨냥한 아프리카 우간다, 미주지역을 겨냥한다면 과테말라 지역이 유리하다. 중앙아시아의 아랍권을 겨냥한 이란 북부 고산지역 역시 현지 정부와의 협력에 의한 진출이 가능하다.

구소련 연방국의 경우 소련의 지원으로 유리온실과 곡물생산단지가 많이 조성되어 있으나, 소련연방의 붕괴로 인해 우즈베키스탄과 몽골 등 소련의 인접국에 많은 시설이 방치되어 있다. 군사적인 주둔지의 근교에 설치된 농장과 농업관련 시설은 주둔군의 철수로 인해 도시 근교 농업과 경쟁을 하지 못해 점차 폐허가 되고 있다.

한국의 자본과 기술을 바탕으로 기존의 시설물을 이용한 대규모 재배로 현지에서 1차 가공한 농산물을 세계 각국에 수출할 수 있는 전진기지로서의 효율성이 매우 높다.

scene 36
쌀농사는 미래의 재해예방대책

5월 25일은 제17회 방재의 날이다. 이날은 자연재해대책법에 의거, 재해예방법에 대한 국민의 의식을 높이고, 방재훈련을 효율적으로 추진하기 위해 제정한 날이다. 1994년부터 해마다 기념행사를 치르며, 행정안전부가 주관부처로서 산하 중앙재해대책본부 및 지역 재해대책본부에서 방재종합훈련을 실시한다.

훈련 내용은 재해 사전 대비체제 확립을 통한 인명 및 재산 피해 최소화, 신속한 구조·구난 체계 확립, 민·관·군 등 유관기관 간 긴밀한 협조체제 구축, 지진 대비 훈련, 세굴제방 및 침수도로 등 응급복구, 화재 유람선 인명구조, 산불 진화, 침수가옥 주민대피, 이재민 구호 및 방역 훈련 등이다. 지역별로는 각종 재해 위험요인 일제점검 및 정비, 우기에 대비한 재해 사전대비 행사, 수해복구 훈련 등 각종 재해 예방 및 복구와 관련된 행사를 실시한다.

때맞춰 지금 농촌에는 본격적인 농번기가 시작되었다. 농촌사랑운동 일환으로 일손지원창구 개설 및 농촌 봉사활동을 계획하고 있는 산·학·관·연 등이 점차 늘고 있는 추세다. 이는 일손이 부족한 농가에 단비 역할도 하지만, 향후 지속가능한 농업을 가능케 할 것이다.

아울러 세계 각국의 농정 방향도 고산출 집약농업에서 지속 가능한 농업으로 화두를 바꾸고 저마다 자국 농업의 근간이 되는 가족농과 소농을 보호하는 방향으로 새롭게 틀을 짜고 있다.

이 같은 지속 가능 농업은 환경적 중요성과 쌀농사의 공익적 기능을 포함하고 있으며, 미래의 재해예방대책이기도 하다. 전체 국토 면적의 10분의 1가량을 차지하는 논은 농약 사용 등으로 인한 부작용보다 친환경적 요소가 더 많다. 논은 홍수를 조절하고, 지하수를 저장하며, 공기를 정화하고, 토양의 유실을 방지한다. 쌀농사의 가치를 전 국민이 지원하는 든든한 기반이 만들어져야만 지속 가능한 농촌은 가능해질 것이며, 다가올 더 큰 재해를 예방하는 방안이 될 것이다.

논은 홍수 때 약 36억 톤의 물을 논에 가두어 둘 수 있다. 춘천댐 총 저수량의 24배나 되는 양이다. 논을 통해 땅으로 스며들어 지하수가 되는 양도 1년에 약 158억 톤 정도다. 이는 전 국민이 1년간 사용하는 수돗물 양의 2.7배, 연간 1조 6천억 원어치다.

논에 심긴 벼는 연간 2천200만 톤의 이산화탄소(CO_2)를 흡수하는 대신 신선한 산소(O_2)를 연간 1천600만 톤이나 대기에 공급한다. 이는 한 해에 약 5천 800만 명이 마실 수 있는 양이다. 농사를 지을 수 있는 흙 1cm가 만들어지기 위해서도 약 200년 정도가 소요된다. 논은 이런 흙을 연간 2천600만 톤이나 유실되지 않도록 막아 준다.

반면 다른 나라를 살펴보자. 힘세고 잘사는 나라는 자기보다 못한 나라를 손아귀에 넣고자 하는 야망 때문에 지구촌은 한시도 조용할 날이 없다. 우리에게 서구 식단을 전파한 미국 등은 약육강식을 무한 경쟁 논리로 치장해 경제적 영역 확장에 여념이 없다. 심지어 강국과 약소국 사이에 '건너지 못할 깊은 강'을 선명하게 그어 놓기도 한다.

그런데도 일부 우리 소비자들은 쌀을 외면하고 있다. 물론 피할 수 없는 조류이기는 하나, 자칫하면 휴대전화가 쉽게 쌀을 밀쳐 버리는 삭막한 세상을 앞당길지도 모른다. 이는 농촌 공동체의 파괴로 이어질 뿐만 아니라, 한국 농촌이 가진 또 하나의 쌀농사의 공익적 가치의 강점을 순식간에 앗아 갈 우려도 있다.

따라서 '쌀농사의 가치'를 새롭게 조명하고 무엇보다 비교우위론에 대해 도가 넘치는 욕망을 자제할 필요가 있다. 그래야 지속 가능한 농촌이 가능해질 것이며, 다가올 더 큰 재해를 예방하는 방안이 될 것이다.

scene 37

기후 변화에 따른 식량안보대책 세워야

　기후 변화가 농업을 죽이고 있다. 기후 변화에 따른 경제적 피해규모만 봐도 1990년대 6천억 원 정도에서 2000년 이후에는 2조 7천억 원대로 4.5배 늘었다. 이런 기상재해는 곡물생산 위축으로 이어져 식량위기의 가능성을 증폭시킨다. 특히 엘니뇨현상과 관련된 산림 및 자연식물에 대한 최대 위협은 식량안보에 큰 충격을 주고 있다.

　게다가 '세계 곡물 수급 동향'에 따르면 미국 농무부는 최근 작년 세계 쌀 생산량이 4억 3천473만 톤으로 전년(4억 4천657만 톤)보다 2.7% 감소할 것으로 추정했다. 반면 작년 11월부터 올해 10월까지 세계 쌀 소비량은 4억 3천647만 톤으로 전년 같은 기간(4억 3천465만 톤)보다 0.4% 늘어 사상 최고 수준을 기록할 것으로 예상했다. 이처럼 쌀 생산량이 줄고 소비량이 늘면 국제 쌀값은 오를 가능성이 크다. 이런 추세는 갈수록 더 심화될 것으로 보여 머지않아 수요가 공급을 초과할 가능성이 높다.

　문제는 한반도의 기상이 식량안보에 치명적인 충격을 줄 상황으로 변했는데도 여전히 식량안보 불감증이 심각하다. 이에 다음과 같은 몇 가지 대응방안을 제시한다. 첫째, 식량위기의 잠재적인 위험에 대비한 식량안보의 개념과 이에 대한 대책이 필요하다. 우선 곡물 선물시장을 이용한 리스크 분산의 필요성이 요구된다. 이를 위해 국내 농작물 생산뿐만 아니라 세계 식량 생산에 대한 정보와 기상정보를 연결시킨 종합적인 네트워크 형성으로 전 세계 곡물가격변동에 대한 민첩한 대응이 필요하다. 이를 위해선 농림수산식품부와 기상청, 국내 식료품업체 등 간의 유기적인 정보네트워크가 이루어져야 한다.

둘째, 식량 생산과 직결되는 홍수 조절과 수자원 확보를 위한 적극적인 대책이 필요하다. 태풍과 집중폭우 현상은 반복을 거듭하기 때문에 대략 예상할 수 있는 한반도의 새로운 기후 패턴이다. 토목공사 기준을 새로운 기후 패턴에 맞게 수정하는 일, 댐이 필요하면 이를 국민에게 설득하는 일, 댐을 새로 짓지 않고도 기존 댐의 기능을 높일 수 있는 녹색댐 건설 등을 어떻게 공존(共存)시킬 수 있을까에 대한 합리적인 대안이 강구되어야 한다.

셋째, 기상이변에 대응하기 위한 국가 차원의 위험관리시스템 구축이 필요하다. 집중호우나 태풍으로 수해나 재해가 발생할 때마다 가장 큰 피해를 본 산업은 농업이다. 봄에는 황사, 여름에는 집중호우와 태풍, 겨울에는 폭설 등으로 많은 농가가 피해를 보고 있다. 따라서 우선적으론 시설 보완과 최대한의 농가 지원 대책을 세우는 한편 생산기반 정비와 재해방지시설 확충을 통해 위험 대비 능력을 지속적으로 강화하고, 농산물 수급에 대한 관측정보 활용 능력을 키워 위험요인을 사전 제거해야 한다. 다음으론 선진국처럼 다양한 재해 보상 프로그램을 마련해야

넷째, 식량자급률 목표 법제화는 반드시 실천되어야 한다. 식량자급률은 한 나라의 식량 총 소비량 중 국내생산 수준을 나타내는 지표

인 까닭에 식량안보의 초석이 된다. 정부도 적정수준의 식량자급률 목표치 설정과 목표치를 달성하기 위한 정책추진이 중요하다고 보고 여러 차례 계획을 세웠지만 실천력이 뒷받침되지 않아 공염불에 불과한 실정이다.

우리나라의 식량자급률은 세계에서도 가장 낮은 26% 정도다. 그나마 쌀을 제외하면 5%에 불과하다. 세계적인 식량 및 환경문제 연구기관인 월드워치는 한국의 식량자급률이 매우 위험한 수준이라고 경고한 바 있다.

농업포기정책으로는 어느 나라도 미래를 보장하기 힘들다. 시대가 변해도 농업을 나라의 근간으로서 지켜 내고 창조적으로 발전시켜야 하는 이유는 농업이 국민의 건강과 직결된 문제이고, 환경에 관한 문제이자 삶의 질에 관한 문제이며, 자립에 관한 문제이기 때문이다. 앞으로 기후 변화 강도가 점차 높아질 것은 불 보듯 뻔하다. 하루빨리 기후 변화에 따른 식량안보종합대책 강구가 시급하다.

'쌀' 변신, 무한도전 계속돼야

황금 들녘 따라 가을동화가 펼쳐진다. 하지만 근래 쌀 소비가 가파르게 줄면서 농가의 시름도 점점 깊어지고 있다. 이미 천덕꾸러기 신세로 전락한 자신의 처지를 알기라도 하듯 고개를 떨어뜨리고 있다.

실제 우리나라 연간 1인당 쌀 소비량은 머잖아 70kg마저 밑돌 전망이다. 10년 전보다 1인당 연간 쌀 24kg을 덜 먹는다. 반면 올해 쌀 재고량은 지난해(100만 톤)보다 40% 늘어난 140만 톤에 이를 것으로 전망된다. 이는 2007년(70만 톤)의 2배에 달하는 물량이다.

그나마 다행인 것은 최근 쌀이 무한변신을 하면서 소비자들의 호응을 얻고 있다는 점이다. 잘 알려진 떡이나 과자 등을 넘어 식감도 같은 빵으로까지 쌀이 변신하고 있다. 그동안 일부 제품에서만 쌀을 원료로 만들었으나 최근에는 카레·고추장·아이스크림·수프 등 쌀 가공식품의 영역은 끊임없이 확대되고 있다.

(A)업계는 100% 우리 쌀로 만든 '청정원 순창 우리쌀로 만든 고추장'과 수입밀가루 대신 우리 쌀로 만들어 더욱더 깔끔하고 부드러워진 '청정원 카레여왕'을 출시해 높은 매출을 올렸다.

(B)업계는 쌀 90%와 보리·감자전분·식이섬유로 빚은 '둥지 쌀국

수 뚝배기'가 하루 평균 10만 개 정도(월평균 500여 박스)가 팔리고 있다. 최근에는 '둥지쌀국수 짜장'을 출시했다. 주류에서도 쌀에 대한 활용도가 넓어지고 있다. 100% 친환경 무농약 쌀로 만든 '참살이 탁주' 이외에도, 배상면주가는 100% 국산 쌀로 빚은 '우리쌀 生 막걸리', '신선쌀막걸리', '대포 막걸리' 등을 출시했다.

ⓒ업계의 '옛날 구수한 누룽지'는 컵 형태의 누룽지 제품으로 지난해 49억 원을 올리는 등 꾸준한 성장률을 보이고 있다.

그 밖에 기타 업계 등에서 쌀로 만든 빵·케이크·아이스크림 등을 출시하겠다고 발표하면서 쌀 가공식품의 영역은 점점 확대되고 있는 추세다.

업계가 이처럼 다양한 쌀 가공식품 개발에 주력하고 있는 데에는 줄어드는 쌀 소비 해소와 웰빙에 대한 소비자의 관심을 이용하고자 하는 전략이다.

그러나 아직은 갈 길이 멀다. 사람이 먹어야 할 식량을 자동차와 나눠 먹어야 하는 시대가 되면서, 해를 거듭할수록 연간 쌀 소비량은 급격한 감소세를 보이고 있다. 앞으로 재고량은 더욱 증가할 것으로 예상된다.

한편 2009년 국내의 쌀 가공식품 시장은 3% 정도다. 이는 일본이 14%인 데 비하면 매우 적은 수치다. 다행스럽게도 8월 들어 주류 등 원산지 표시 의무화가 확대되면서 막걸리 등 우리 쌀로 만든 제품 판매가 최고 50% 이상 늘어난 것으로 나타났다. 이 같은 인기는 웰빙 열풍으로 인해 쌀 제품에 대한 수요 증가와 정부의 우리 쌀 소비 촉진 정책, 그리고 쌀 가공 기술 발달로 과거보다 쌀로 만든 가공식품의 맛이 향상됐기 때문이다. 하지만 아직 우리 쌀 가공식품은 중국

쌀과 밀가루 가공식품보다 가격 경쟁력이 떨어지는 것이 사실이다.

현재 상황을 볼 때 소비자 기호에 맞는 쌀 가공식품을 개발해 나가는 것이 무엇보다 중요하다. 또 한시적으로 쌀 가격을 인하해 쌀 가격 경쟁력을 높이고, 군납·학교 등에 쌀 제품을 활용할 수 있는 정책을 검토해야 한다.

최근 쌀 소비가 줄어 농촌 살림의 피해는 물론 한국인에게는 쌀이 주식인데 쌀 대신 밀가루를 먹다 보니 국민 건강도 나빠졌다. 쌀 가공식품 개발은 나라 살리기 일환이란 생각으로 투자해야 하며, 정부와 국민이 앞장서 쌀 가공식품을 애용해야 한다. 그래서 우리 쌀 변신의 무한도전이 계속 이어져야 한다.

로또(LOTTO) 경영

우리는 누구나 부자가 되고 싶어 한다. 부자를 질투하고 혐오하면 서도 나 자신은 부자가 되고 싶은 것이 모든 사람들의 솔직한 심정이다. 사실 부자도 아니고 농촌을 연구하는 내가 부자의 지혜에 관한 글을 쓴다는 것은 무리다. 하지만 유럽 농촌을 관찰하면서 큰 용기를 얻었다. 창의력에 관심이 많았던 내가 유럽농촌을 관찰하면서 느낀 것은 부자의 지혜가 창의력의 특징들과 많이 유사하다는 것이다.

부자농군이 되려면 노력은 기본이다. 열심히 뛰는 것 외에 더 많은 것이 필요하다. 그럼 어떠한 것이 더 필요할까. 나는 창의력을 들고 싶다. 실제로 농업에 창의력을 접목시킨 유럽농가들은 기존의 농가소 득을 2배 이상 끌어 올리고 있다. 물론 유럽농가 모두가 창의력을 갖춘 것은 아니지만, 한국농가에 비해 상대적으로 매우 높다는 데 주목 할 필요가 있다.

그렇다면 창의력은 무엇일까. 바로 로또(LOTTO)경영이다. 로또 (LOTTO)란 Leadership(리더십), Objective(목표), Timing(타이밍), True(진 실), Organism(유기적인 조직체)으로 정의할 수 있다.

농업의 위기를 극복하기 위해서는 '농작의 포트폴리오'를 짜야 한다.

즉 농업에도 로또(LOTTO)경영을 접목시켜야 한다는 얘기다.

첫째, Leadership(리더십)이다. 무한경쟁이라고 불리는 농촌시장도 치열한 경쟁의 시대 속에서 농민들은 큰 전쟁을 치른다. 수입쌀 범람, 농촌인구의 고령화, 농산물가격의 불안정 등 스트레스의 원인이 되는 요소들이 무궁무진하다. 하지만 그중에서도 가장 힘든 부분은 바로 농촌인구의 고령화로 인한 농촌리더의 리더십 부재다. 특히 요즘처럼 경쟁이 치열하고 의사 결정에 대한 선택의 폭이 다양한 환경에서는 농촌리더의 안목이 농업의 미래에 결정적 역할을 하기 때문이다.

둘째, Objective(목표)가 분명해야 한다. 꿈을 날짜와 적으면 목표가 되고, 목표를 잘게 나누면 계획이 되며 그 계획을 실행에 옮기면 꿈이 실현된다는 말이 있다. 이처럼 명확한 목표가 분명한 결과를 낳는다. 따라서 부농의 꿈을 실현하기 위해서는 구체적인 목표가 필요하다. 즉 정확히 무엇을 하려고 하는가, 목표 달성 여부를 어떻게 판단할 수 있는가, 해낼 수 있는 일인가, 현재의 상황에서 가능한 일인가, 언제까지 목표를 달성할 것인가 등 위의 원칙으로 목표를 설정하고, 구체적으로 언제까지 달성할지 날짜를 정한다면 자신의 꿈에 한 걸음 다가설 수 있을 것이다.

셋째, Timing(타이밍)이다. '무릎에서 사서 어깨에서 팔아라'는 말은 타이밍의 중요성을 뜻하는 말이다. 작물 재배에도 계절을 파악해 씨를 뿌리는 타이밍이 있다. 정확히 이른 봄에 못자리를 만들고 수온이 미지근해지면 지체 없이 모내기를 해야 한다. 꽃의 종류에 따라 씨 뿌리는 시기가 있으므로 반드시 그것을 지켜야 한다. 농산물 판매에서는 주식투자처럼 1분 1초의 차이를 추구하는 기민한 행동이 필요 없다. 하지만 적절한 판매 타이밍의 선택은 그만큼 소득을 보장해 준다.

넷째, Trust(신뢰)이다. 농산물도 제품차별화를 통한 적극적인 마케팅 시대가 도래되고 있다. 진정한 차별화는 생산자와 판매자가 파는 상품이 아닌, 소비자와 구매자가 사고 싶은 상품에서 나온다. 그만큼 농산물에 대한 소비자의 신뢰가 중요하다는 뜻이다. 소비자와 대형 유통업체의 구매 패턴에 맞추려는 생산자의 신뢰 노력은 이제 선택이 아닌 필수다.

다섯째, Organism(유기적인 조직체)이다. 최근 농업과 관련된 기술, 정보, 인력 등 지역 내 가용자원을 통합적·유기적으로 연계시켜 생산과 연구, 산업지원시스템 구축을 통해 시너지 효과를 도모하는 지자체가 늘고 있다. 이는 건실한 농업경영체를 육성하면서 이들을 하나의 조직체로 연계해 개별농가 단위에서 실현하기 어려운 규모의 경제를 실현하자는 것이다.

로또경영(LOTTO)! 이것은 분명 우리 농업의 희망이다.

도시아이 농촌으로 유학 간다

예전에는 여름방학이 되면 도시아이들이 시골 할머니 댁을 찾아와 방학 내내 들녘에서 뛰놀고, 냇가에서 멱 감고 밤이면 할머니 무릎을 베고 옛날이야기를 들으며 잠이 들었었다. 하지만 요즘에는 농촌아이들이 도시의 유명 학원에서 운영하는 방학특강을 듣기 위해 도시로 떠나는 반대 현상이 일어나고 있는 슬픈 현실이다. 게다가 올해부터 2012년까지 농촌 지역 소규모 학교를 중심으로 통폐합 추진이 예고되면서 상당수 학교가 폐교될 위기에 처해 있다.

불행 중 다행인 것은 도시학생의 농어촌 유학 프로그램인 촌(村)스테이가 추진되고 있다. 촌스테이는 농촌정보문화센터가 올해 처음으로 추진하는 사업으로, 단순 농촌체험이 아닌 일정 기간 동안 도시학생들이 농촌에 머물면서 농촌학교를 다니는 형태의 프로그램을 말한다. 즉 시·도 간 교류체험학습의 일환으로 교육청에서 인정하는 학습교류기간(1~3개월 이내) 동안 도시학생들의 농어촌 유학을 진행하며, 체류비용·보험 등 촌스테이에 필요한 일체의 비용은 무료다.

농촌정보문화센터는 이를 위해 도시학생들의 건강한 몸과 마음·자립심·감성 등을 살릴 수 있는 촌스테이 프로그램의 개발은 물론,

아동심리 등의 전문가로 구성된 '촌스테이 자문단'을 운영한다. 울산 소호초등학교, 전북 완주 봉동 양화분교 및 정읍 수곡초등학교의 경우, 한때 폐교위기에 몰렸으나 스키와 수영, 영어 프로그램 등 특성화 교육 프로그램과 교사들의 교육 열정으로 인해 지금은 전국 시도에서 전학을 오는 '작고 아름다운 학교'로 탈바꿈했다.

최근에는 대도시에서 모여든 10명의 유학생들이 있다. 짧게는 1개월 동안 농촌생활을 체험하는 촌스테이, 그리고 아예 전학을 오는 농촌 유학까지, 선생님과 농민들의 보살핌 속에 농가에서 먹고 자고 생활하며 학교를 다닌다.

도시에서 자란 초등학생에게 농촌과 산촌을 통해 자연의 여유로움을 직접 체험할 기회를 제공한다. 즉 산적소굴체험, 감자 캐기, 물고기 잡기, 떡 만들기, 하천탐사, 별자리관찰, 편지 쓰기 등 도시에서는 경험할 수 없는 다양한 체험과 공동체 생활을 통해 남을 배려하는 마음도 터득하게 된다.

체험을 마친 아이들이 숲으로 향한다. 한여름 푸른 녹음과 곤충들이 사라졌지만 여전히 숲에는 볼거리, 놀 거리가 무궁무진하다. 눈을 감고 촉감과 향기만으로 나무 이름 알아맞히는 놀이를 한다. 나뭇가지와 잎을 엮어 자신만의 아지트를 만드는 친구들도 있다.

사실 시멘트와 철근과 아스팔트에서는 생명이 움틀 수 없다. 비가 내리는 자연의 소리마저 도시는 거부한다. 그러나 흙은 비를, 그 소리를 받아들인다. 흙은 오곡백과를 생산해 우리를 먹여 주고, 섬유를 만들어 우리의 몸을 보호해 주며 나무를 키워 우리의 삶의 자리를 마련해 준다. 우리가 살아 숨 쉴 수 있는 것도 흙이 식물을 키워 산소를 생산해 주고, 뭇 동물이 쏟아내는 온갖 배설물과 쓰레기를 분해해 우리의 환경을 깨끗이 정화해 준 덕이다.

그리고 이 세상의 모든 만물은 흙이 베풀어 주는 은혜 없이는 존재할 수 없다. 흙은 '생명의 어머니'이다. 따라서 흙이 생명체로서 살아 있어야만 모든 만물이 비로소 소생을 하고, 인간에게 밝고 쾌적한 미래를 보장해 준다.

어디 그뿐인가? 구두와 양말을 벗어 버리고 일구어 놓은 밭흙을 맨발로 접촉해 보라. 그리고 흙냄새를 맡아 보라. 그것은 순수한 생의 기쁨이 될 것이다.

도시아이들에게는 정서적 풍요로움을, 지역에는 새로운 활력소가 되는 촌스테이와 농촌 유학, 사라져 가는 농촌의 작은 학교도 살리고, 또 다른 대안교육으로 주목받고 있다.

정부도 이런 학교에는 전폭적으로 지원 프로그램을 마련해 위기에 처해 있는 농어촌 학교에 희망을 불어넣어야 한다.

scene 41

차마고도 속에 담긴 교훈

중국 서남부 윈난, 쓰촨에서 시작되어 티베트, 히말라야를 넘어 인도까지 이어지는 5천 킬로미터의 장대한 길. 아시아를 횡단했던 고대 동서통로인 실크로드보다 200년이나 앞섰던 길. 그곳이 바로 티베트인들에게 '영혼의 길'이라고 불리는 차마고도이다. 차마고도는 농경민족과 유목민 간의 교역길이었다. '차마고도'라는 말의 유래는 과거 토건왕국과 티베트가 차와 말을 교류하던 것에서 유래한다. 토건왕국은 티베트에게 차를 공급하고 기마병들이 필수적이었던 토건왕국은 티베트인들에게 말을 건네받았다. 차와 말, 그리고 옛길, 이렇게 오랜 역사를 통해 상생을 통한 차마고도가 형성된 것이다. 상생은 예나 지금이나 마찬가지로 적자생존, 약육강식의 세계가 지배하는 삭막한 세상에서 말 그대로 함께 살아가자는 좋은 의미다.

상생이라는 단어를 좀 더 확대해서 농산물의 생산지인 농촌과 소비지인 도시와의 폭넓은 교류와 이해 증진을 위해 '도농상생'이라는 신조어가 생겨났다. 이 의미는 상생(win-win)의 바탕 위에서 상호 교류활동을 통해 농촌과 도시의 지속적 발전을 추구하려는 것이다. 하지만 이러한 좋은 의미에도 불구하고 지역커뮤니티가 변하면서 도농

상생의 앞길이 순탄하지만은 않은 것이 현실이다.

반면 해피 700평창, 함평나비축제, 청평의 아침고요수목원은 도로 망과 조림, 펜션 등 도시의 기획디자인이 농촌 지역에 적용됨으로써 도시민들에게 인기가 있다. 즉 지역특화품목＋역사성＋문화성이 접목된 지역그린마케팅 체계가 구축되었다는 얘기다.

지역그린마케팅은 경영학적 마케팅 원리를 지역농업에 도입하여 현존하는 위기를 극복하고 지속적인 발전을 추구하려는 자율적 발상에서 시작된다. 기업은 소비자가 원하는 신제품을 개발하여 시장을 공략하고 이윤을 추구한다. 이를 위해 소비자 중심의 마케팅을 수행하고 있다. 농업상품시대의 지역농업도 수익 창출이 궁극적 목적이다. 따라서 소비자의 요구와 욕구를 발견하여 새로운 가치를 창출하고, 틈새시장을 개척하여 거래관계를 유지함으로써 수익창출 능력을 확보해야 한다. 특히 지역농업은 식량 공급이라는 사회적 책임 등 기업과 다른 공공의 특성이 있기 때문에 기업마케팅에다가 또 다른 원리가 추가되어야 한다. 이 점에서 민·관·학 간의 상생 노력이 요구된다.

지역그린마케팅은 지자체가 중심이 되고 지역 내의 농업지원 주체들의 파트너십을 발휘하는 분업적 역할을 기대한다. 지자체는 이러한 과정을 통해 수익창출 능력을 확보할 수 있으며, 국내 시장활동을 통해 축적된 경쟁력을 토대로 해외시장에 도전함으로써 지속적인 지역농업 발전을 추구할 수 있다. 따라서 이와 관련된 전략적 출발점은 지역그린마케팅이 되어야 한다. 그 이유는 글로벌농업이 친환경농업으로 전환되고 있고, 국내 소비자들도 위해요소가 없는 식품을 안정적으로 공급받기를 원하기 때문이다. 아울러 도시민의 관광욕구를 지역의 자연자원을 통해 상품화하는 것은 지역 발전에 아주 유용하다.

이 경우 지역농정은 우선 지역관광 회복이 중요한 과제가 되므로 지역농촌관광을 자원봉사와 연계시켜 일반관광과 차별화시키는 것이 중요하다. 이를 위해서는 지역에 도시생활 일상에 필요한 이용·편익 시설을 증대시켜 농어촌문화와 조화를 이루도록 하며, 이를 통해 도시로부터의 자원봉사자의 충분한 공급을 기대할 수 있다. 이러한 관계는 도시와 농촌의 평면적인 교류 차원을 넘어, 봉사와 관광이 결합된 시장원리에 입각한 신뢰와 선호에 따라 지역공간에서 여가를 매개로 한 공동의 삶을 기대할 수 있고, 평생고객으로서 상생관계를 유지하여 지역관광 활성화를 기여할 수 있을 것이다.

차마고도가 농경민족과 유목민 간의 상생을 위해 가교 역할을 충실히 해냈듯이, 도시와 농촌 간 교류를 더욱 확산시키려는 도농상생운동의 지속적인 실천으로 도시와 농촌이 상생하는 아름다운 미래를 기대해 본다.

농촌도 소비자 맞춤형 마케팅 시대

최근 소비자들은 라이프스타일별로 소비의 선택과 집중 현상이 뚜렷해지고 있는 추세다. 특히 농촌에 대한 소비자의 인식은 연령에 따라 상당한 차이가 있어서 세대별로 상반된 이미지가 공존하고 있다. 이런 소비자들의 연령층별 세대를 특징적으로 나타내는 말이 있는데 N세대(청소년층), X세대(청년층), 386세대(장년층), G세대(고령층) 등이 바로 그것이다.

N세대에게 있어서 농촌은 어려운 산업구조의 장이 아닌 깨끗한 자연환경, 뛰어다닐 수 있고 다양한 활동이 가능한 다양한 놀 거리와 먹을거리가 있는 놀이터이기도 하지만 기반시설의 부족 때문에 불편한 곳으로 인식되기도 한다. 따라서 청소년층에게는 농촌이 가지는 풍부한 자연, 문화적 요소를 바탕으로 안전한 먹을거리뿐만 아니라 건전한 놀이공간이 조성되어야 하며, 농촌사랑운동의 캐릭터를 활용한 다양한 '캐릭터 사업' 등이 필요하다. 즉 농촌과 관련된 TV 프로그램의 의상·상품 등에 캐릭터를 활용하여 캐릭터에 대한 인식을 확산하고 여러 관련 상품을 제작·보급하는 것이 중요하다.

X세대는 농촌을 깨끗한 자연환경을 활용한 레포츠, 안락한 휴양시

설 등이 제공되는 휴양공간으로는 선호하나 생활·생산공간으로서는 무료하고 지루한 공간으로 인식한다. 따라서 젊은이들이 열정을 가지고 도전할 수 있도록 농촌산업의 여러 분야를 소개하고 성공사례를 제시함으로써 도전가치가 있는 기회의 산업임을 강조하여 IT·BT·CT·ET와 농업을 연계한 분야의 홍보 및 발굴이 필요하다. 그러기 위해서는 다양한 농업·농촌의 가치를 시장가치로 전환할 수 있는 지역 자원을 발굴하고 이를 바탕으로 새로운 사업기회, 상품화의 기회를 발견해야 한다. 그리고 어떠한 유형이든 그 지역이 가진 나름대로의 성장잠재력을 바탕으로 아이디어를 찾고 이를 최대한 활용하는 것이 중요하다. 예컨대 활용 가능한 지역 자원 추출과 평가를 통해 도시민들이 매력을 느낄 만한 상품과 시설, 프로그램 개발이 필요하다. 또 도시민의 행동패턴을 체험교류 프로그램으로 스토리화하면서 각 지역의 자원과 시설을 네트워크화하는 작업도 중요할 것이다. 주민들 스스로 아이디어 회의를 거쳐 활용 여부를 결정하고 필요한 하드웨어 및 소프트웨어 정비를 거쳐 상품화시켜야 한다.

장년층에게 농촌은 힘들고, 어렵고, 벗어나고 싶은 대상으로 인식되나 반면 도시에서의 삶에 지친 사람들에게는 추억과 향수가 있는 곳이기도 하다. 어떻게 하면 장년층이 농촌을 휴식의 공간으로, 건강하고 유익한 체험 거리가 있는 곳으로 새롭게 인지하게 할 수 있을까. 이를 위해 농촌 주민들은 농촌사랑운동을 생활환경 정비 및 농업 소득 증대를 위한 기회로 활용하여 기업과 도시민이 보유한 기술과 자본, 노하우를 농촌 개발 및 소득 증대 방안으로 연결시켜야 할 것이다. 고령층은 농촌을 경쟁적이고 삭막한 도시의 삶에서 은퇴해 돌아가고 싶은 곳, 즉 새로운 삶을 시작하고 싶은 선망의 대상으로 인식

하나 가족과 교류가 힘든 외로운 거처공간으로도 인식한다. 따라서 노년의 삶을 새롭게 시작할 수 있는 천혜자연과 인심 좋은 사람들이 있는 삶의 터전으로서 살기 좋고 정착하기 쉬운 농촌으로 재탄생시켜야 한다. 이를 위해 귀농인 및 도시출신자들은 지역에 활력을 불어넣을 수 있는 역할을 담당해 자신이 가지고 있는 노하우와 기술, 지식, 네트워크를 파악하고 활용할 수 있는 방안을 강구해야 한다. 또한 도시와 농촌이 새로운 공동체를 형성할 수밖에 없음을 인식하고 지역주민들은 도시민들이 보다 쉽게 정착할 수 있도록 개방적인 태도로 지원해야 한다.

이처럼 농촌도 소비자 맞춤형 마케팅 시대가 열리고 있다. 이제는 세대에 맞게 맞춤형 서비스를 제공해야만 무한경쟁시대에 살아남을 수 있을 것이다.

정월 대보름날의 의미

정월 대보름 하면 가장 먼저 떠오르는 것이 '더위팔기'다. 정월 열나흘날 저녁 어머니는 나와 동생들에게 '더위팔기'에 대해 말씀하시면서 보름날 아침 해가 뜨기 전에는 동네 사람들이 부르는 소리에 절대 대답하지 말라고 신신당부하셨다.

하지만 아침 일찍 이웃에 사는 친구가 찾아와서 밖에서 놀자고 내 이름을 불렀다. 나는 엉겁결에 '응' 하고 대답을 했다. 그러자 그 친구는 기다렸다는 듯이 '네 더위, 내 더위'라는 말을 했다. 아차, 먼저 더위를 외쳤어야 하는 건데, 왠지 그날부터 이웃집 친구가 원수가 되었다. 이런 풍속을 더위팔기(매서·賣暑)라고 했으며, 이렇게 우리는 정월 대보름을 시작하곤 했다.

정월 대보름날, 아이들부터 어른에 이르기까지 마을엔 온통 놀이판이 벌어진다. 줄다리기, 달맞이, 농악놀이, 새 노래 등 민속놀이와 풍악이 울려 퍼지는 가운데 마침내는 다 함께 참여하는 대동놀이로 놀이판은 확장된다.

특히 아이들에겐 정월 보름날 저녁에 많이 하는 불놀이가 있었다. 망우리라 하여 아이들이 무리를 지어 논이나 둑 같은 곳에서 횃불을 돌린다. 불을 넣은 깡통을 돌리기도 한다. 불이 돌아가는 모습이 마치 보름달 같아 '망우리'라고 하는 것이다.

이때 둥근 불 주위에 검은 그림자가 많이 생기면 흉년이 든다고 한다. 우리 동네 아이들은 이웃 동네 아이들과 들판에서 망우리를 돌리며 힘겨루기를 하다가 결국 패싸움이 되는 경우가 허다했다.

동국세시기(東國歲時記)에는 "초저녁에 횃불을 들고 높은 곳에 올라 달맞이하는 것을 망월(望月)이라 하며, 먼저 달을 보는 사람이 재수가 좋다"고 적혀 있다. 그리고 정월 대보름에는 농사의 풍년을 기원하는 세시와 함께 농사의 풍흉을 점치는 세시가 많았다. 농사의 풍흉은 그해에 제대로 비가 오느냐 오지 않느냐에 달려 있다고 해도 과언이 아니었다. 그래서 그해 제대로 비가 올 것인지를 점치는 풍속이 많았다. 먼저 보름의 날씨를 통해 한 해 농사의 풍흉을 점치는 방법이 있었다. 정월 보름달의 색깔이 붉으면 그해 날씨가 가물 징조이고, 희면 비가 많이 온다. 또 날씨가 흐리면 그해의 농사가 풍년이고, 날씨가 좋으면 흉년이다.

겨울인 만큼 날씨가 춥고 흐려야 한다는 것이다. 실제로 겨울에 날씨가 너무 따뜻하면 보리가 웃자라는 등 피해가 있었다. 또 꼭두새벽에 첫닭이 울기를 기다려 그 우는 횟수가 열 번 이상이면 가뭄이 든다고 믿었다.

또 보름날 아침밥을 할 때 쓰인 나무 숯을 마당에 두어서 그 숯이 하얗게 변하면 날씨가 가물고 시커멓게 변하면 비가 많이 온다고 점쳤다. 이와 비슷한 방법으로 아침에 찰밥을 먹기 전에 보리·나락·콩 등을 태운 후 그 재를 밥에 묻혀 두었을 때 변하는 색깔을 보고 풍년과 흉년을 점치기도 하였다.

정월 보름에 벌이는 놀이판에서도 농사의 풍흉을 점쳤다. 줄 당기기를 해서 이긴 편은 풍년, 진 편은 흉년이라든가, 동쪽이 이기면 풍년, 서쪽이 이기면 흉년 등 그 점치는 방법은 다양했다. 윷놀이, 동채싸움, 기싸움 등 놀이종목도 여러 가지였다.

이제 그와 같은 더위팔기, 불놀이, 점치기는 추억으로 존재한다. 그래도 대보름 먹을거리 풍습만은 여전히 전해져 내려오고 있고, 보름달만은 어김없이 떠올라 사람들에게 차오름의 만족과 비움의 겸허를 동시에 알게 해 주고 있다. 그래서 대보름이라는 명일(名日)은 오늘날 우리 농촌에서는 각별한 의미를 지닌다.

따라서 정월은 사람과 신, 사람과 사람, 사람과 자연이 하나로 화합하고 한 해 동안 이루어야 할 일을 계획하고 기원해 보는 달인 것이다.

신묘년 한 해도 도시와 농촌이 정월 대보름달의 의미를 되살려 하나가 되는 소망을 기원해 본다.

scene 44
날씨마케팅

    요즘 날씨는 종잡을 수 없다. 날씨가 좋지 않으면 물건도 잘 팔리지가 않는다. 이럴 때일수록 날씨마케팅을 이용해서 슬기롭게 위기를 극복해 보는 건 어떨까? 날씨마케팅이라고 하면 아직 생소하게 들릴지 모르겠지만 주변에서도 쉽게 찾아볼 수 있다. 비 오는 날 파전과 동동주가 더 많이 팔리는 것도 자연스러운 날씨마케팅이다.

    이런 날씨마케팅을 이용하는 기업이 경쟁적으로 늘어나고 있다. 이미 일부 유통업체는 상품 주문부터 판매에 이르기까지 다양한 마케팅 과정에 날씨 정보를 활용하고 있다.

    이제 농산물에도 날씨마케팅이 필요하다. 농산물의 경우 병해충 발생이 주로 기온·습도 등 기상조건에 의해 결정된다. 병해충 발생은 농산물의 생산량 감소는 물론, 과다한 농약 사용으로 인해 환경오염으로까지 이어진다. 또 날씨 변화에 따라 생활양식과 소비품이 달라지므로 기후나 날씨의 변화를 예측하여 그에 필요하거나 요구되는 농산물을 준비하지 않으면 판매의 호기를 놓치게 된다.

    이처럼 농업인에게도 날씨는 더없이 중요한 마케팅 수단이다. 그리고 날씨는 그저 '날씨'가 아닌 매출을 올리고 내리는 귀한 정보가 되었다. 농산물에도 날씨 정보를 잘 활용하면 농작물의 건강한 생육과 농산물 판매의 경제성이라는 두 마리 토끼를 잡을 수 있다.

먼저 농촌진흥청에서 운영하는 '인터넷 농업기상정보시스템'을 활용해 보자. 여기에는 전국의 날씨 정보를 비롯해 영농지수, 병해충 발생예보, 주간 농업기상 소식지 등 영농활동에 실질적인 도움이 될 수 있는 다양한 서비스가 제공되고 있다. 이 중 영농지수는 병해충 발생 확률, 농약 살포 가능 여부, 자외선 강도 등을 제공하는 정보인데 병해충지수는 기온과 잎이 이슬에 젖어 있는 시간을 기준으로, 농약살포지수는 강수 확률과 바람의 세기에 따라 0~100 사이의 지수로 표현하고 있다. 이 정보를 활용하면 날씨에 따른 병해충의 발생 정도를 미리 예측할 수 있고, 적기에 약제를 살포하여 수확물의 품질을 높이고 농약 사용량을 줄여 친환경농산물 생산을 가능케 하는 비법이 숨어 있다. 그 밖에 기상협회에서 제공하는 주간·월간·3개월간 일기예보 서비스에 가입하여 필요한 정보와 자료를 받아 활용할 수 있다. 또 일기예보 안내전화 '131'을 걸면 오늘과 내일, 모레까지의 예상되는 날씨 상황을 상세히 알려 준다.

다음으로 농산물 판매의 경제성이다. 농산물은 날씨 변동에 민감한 상품이다. 유통 도중 상품 가치가 떨어지는 경우가 많다. 이런 경우 날씨에 따른 최적의 유통경로를 설정할 수 있다. 예를 들어 1주일 뒤 폭우가 예상되면 과일 도매업자는 상품을 일반 도로가 아닌 열차로 배송하는 방안이 경제적이다. 또 매출자료와 과거 기상 데이터를 이용, 제품별 기상 요소와의 상관관계를 구하면 품목별로 정확한 수요를 예측할 수 있다. 예를 들어 지난 3년간 영하 1℃(일평균)인 날 A 판매점에서 하루에 약 100개의 찰옥수수가 판매됐다고 가정하자. A

판매점은 영하 1℃의 기온이 예상되는 날 하루 이틀 전에 예년의 판매 데이터를 바탕으로 하루 평균 100개의 찰옥수수 주문을 미리 낼 수 있다. A판매점으로서는 불필요한 과다 주문을 방지, 재고 부담을 줄이게 된다.

농산물 판매에 있어서 자신의 상품이나 매장만이 갖고 있는 날씨 변수를 면밀히 분석하는 것도 필요하다. 매장의 지리적인 위치 덕분에 비 오는 날에 유난히 다른 곳보다 매상이 높아지는 곳이 있기 때문이다. 또 기상 특징이 서로 다른 지역은 그에 따른 농산품 판매량도 서로 다르기 때문에 그 지역의 기후에 적합한 제품군을 선별해 전략 농산품으로 만들 수 있다.

이제는 농산물도 날씨를 잘 이용해야 돈을 벌 수 있는 세상이다. 날씨는 최고의 마케팅 정보이며, 농업 생존에 큰 비중을 차지할 것이다.

세계로 뻗는 새마을운동과 협동조합운동

새마을운동이 개발시대에 국민의 정신적 운동이자 경제성장의 동력이었음을 누구나 부인하지 못할 것이다.

내가 어릴 적 우리 농업의 가장 큰 과제는 식량 자급이었다. 해마다 춘궁기 때만 되면 어김없이 찾아오는 보릿고개로 굶주림에 허덕이는 사람들이 끊이질 않자 이를 어떻게 벗어나느냐가 국가적인 숙제였다. 이 때문에 정부는 식량 증산을 장려했다. 식량 자급을 위한 노력은 1970년대 녹색혁명과 새마을운동을 잉태해 식량 자급 달성은 물론, 농촌도 잘살 수 있다는 꿈을 구체화시켰다. 지난해 미국 오바마 대통령이 공식 석상에서 "아프리카의 빈곤 퇴치를 위해서는 한국의 새마을운동을 모델로 삼아야 한다"고 강조할 정도다.

그로부터 정보화 및 글로벌 시대로의 진입 등을 거치며 반세기 가까이 흐른 현재 우리 농촌의 모습은 몰라보게 달라졌고 농업인의 삶의 질도 크게 향상되었다. 이 같은 새마을운동의 성공 이면에는 우리나라 '농협'이 때로는 방향을 알려 주는 나침반으로서, 때로는 어두운 밤길을 밝히는 등불로서 막중한 역할과 기능을 수행해 왔다.

실제로 한국농협은 1961년 출범 이후 지난 반세기 동안 농업인들의 동반자로서 농업·농촌 발전에 큰 기여를 해 왔다. 농협은 특히 조국 근대화와 빈곤 극복의 기치가 드높았던 1969년에 상호금융사업을 도입하고 1970년에는 연쇄점사업을 시작함으로써 농촌에 만연했던 고리채를 추방하고 농가에는 생활물자를 원활하게 공급할 수 있었다.

농협은 때로는 정부와 보조를 맞추고, 때로는 자체 역량을 발휘하면서 농업인들과 고락을 함께했다. 주곡인 쌀 자급을 가능하게 했던 녹색혁명과 지역사회 개발운동인 새마을운동을 정부와 함께 추진했다면, '신토불이'로 일컬어지는 우리 농산물 애용운동과 '1사1촌'으로 상징되는 농촌사랑운동은 농협 자체 역량으로 이뤄 낸 성과이다. 여기에 거미줄 같은 농산물 유통망과 국내 최대 금융기관의 위상에 걸맞은 선진 금융시스템도 갖췄다.

이제 한국 협동조합운동과 새마을운동이 세계로 뻗어 나가고 있다. 농협이 과거 새마을운동의 선봉이 되어 농촌 개발을 성공시킨 주역이었다면, 이제는 한국농협이 세계 각국이 벤치마킹하고 있는 대상이 되었다.

한국식 '새마을운동'도 주목받고 있다. 이미 동남아를 넘어 탄자니아·콩고 등은 아프리카를 바꾸는 농촌 개발 모델로 도입 중이다. 특히 한반도의 약 11배에 달하는 국토 면적에 풍부한 광물자원을 보유한 콩고는 지난해 1인당 국내총생산(GDP) 171달러에 불과한 나라이지만 2000년대 들어 한국을 성공모델로 삼아 다양한 국가 재건사업을 추진하고 있다.

콩고가 한국의 새마을운동을 수입한 시기는 2004년. 한국에서 새마을지도자교육을 수료한 한 콩고 유학생이 '아프리카에 가장 적합한 개발모델은 새마을운동'이라며 한국에 협력을 제안한 것이 시발이 됐다. 현재 바콩고도(道)·반둔두도·킨샤사시(市) 등 3개 시·도와 7개 군, 18개 마을에 1천75명의 새마을회원을 두고 있다. 우리 정부는 콩고의 자체 역량을 강화한다는 목표 아래 2004년부터 현지인들을 국내로 초청하여 새마을운동 노하우를 전수해 오고 있다.

과거 개발시대의 새마을운동과 협동조합운동은 경제적으로 잘사는 것이 최고의 가치였다. 그래서 물리적 생활환경 정비, 소득원 개발 등이 핵심 내용을 구성했다. 그러나 우리가 살고 있는 이 시대와 다가오는 미래는 그간 소홀히 했던 생태가치, 잃어버린 향토문화, 이미 만들어진 시설의 가치를 높일 보다 소프트한 활동을 촉진하는 것도 매우 중요하다.

창립 50주년이 된 농협이 '50년을 넘어 다함께 미래로'라는 슬로건을 선포했다. 그간 숱한 역경을 극복하며 발전해 온 자취를 되새겨 새로운 신화를 창조해 나가기를 기원해 본다.

scene 46
행복마을 만들기

연어는 자신이 자랐던 곳에서 멀리 떠나와 성장한 후에도 다시 고향으로 되돌아간다. 요즘 세간에서는 연어가 자신의 고향을 되찾아가듯 도심을 떠나 고향 또는 가까운 농촌으로 귀촌하는 사람들이 늘고 있다.

농촌에는 인간의 원초적인 그리움을 간직한 많은 생활양식과 편안하고 아름다운 자연경관이 어우러져 있다. 이것은 인공으로는 결코 흉내 낼 수 없는 농촌만이 가질 수 있는 자연스러움이라고 할 수 있다. 이러한 농촌의 가치를 어메니티(Amenity)라고 부른다.

어메니티를 느끼기 위해 많은 도시인들은 농촌관광을 희망하고 있다. 하지만 극심한 도시화로 인해 최근 들어 농촌의 어메니티가 빠른 속도로 줄어들고 있어 문제가 심각하다. 좀 더 정확하게 말하면 농촌의 가치가 급감하고 있다. 이것은 한국 농촌에 드리워진 또 하나의 검은 구름임에 틀림없다.

지금의 농촌에 필요한 것은 농촌다움이다. 이렇게 소중한 자연의 아름다움과 농촌의 향수가 남아 있다면 이제부터는 진정한 '마을 만들기' 사업을 펼쳐야 한다. 때맞춰 지자체에서도 마을 만들기 바람이 불고 있다. 전라북도는 향토산업 마을 만들기 사업의 일환으로 선정된 시·군 단위 마을당 3억 원 이내를 지원한다. 전라남도의 마을 만들기 사업을 총괄하는 부서는 이름부터 '행복마을과'다.

강원도는 중국·베트남 등 개발도상국에 수출까지 하는 농어촌개발모델 '새농어촌건설운동'을 추진하고 있다. 도내 1천700여 개 마을을 대상으로 10년째 역점시책으로 추진해 오고 있는 자율적 상향식 농촌개발운동이다.

매년 30개의 우수마을과 대표 모델마을을 선정하여 각각 5억 원, 1억 원의 혁신역량사업비를 지원하고 있다.

경기도는 '슬로푸드마을 조성사업'을 내세운다. 2004년도부터 농촌에서 가지고 있는 향토 지적 재산 중 그 지역에서 생산된 농산물을 재료로 사용하여(地産) 우리 전통의 맛을 되살릴 수 있는 조리법으로 만든 음식으로(地工) 농촌체험, 주변 볼거리, 먹을거리 등 '그린 투어(Green Tour)' 실시와 소비 연계가 가능한 것 중(地消) 주민 참여와 자발적 특화가 가능한 곳을(地發) 선정하고 있다.

도와 시·군이 매칭펀드 방식으로 마을당 5억~6억 원을 지원해 왔다. 그동안 파주 장단콩, 이천 부래미 우렁, 여주 오감도토리, 이천 서경들 전통장류·막걸리, 가평 영양잣, 평택 사찰음식 등을 개발테마로 한 마을들이 선정됐다.

농협에서도 마을 만들기를 지원하는 '팜스테이' 사업을 벌이고 있다. 5호 이상 농가가 거주하고 있는 자연부락에 홍보, 마케팅, 교육 등을 지원한다. 마을은 농촌민박, 음식물 판매, 농산물 판매, 체험행사, 주변 명소관광 등 5가지 운영 프로그램을 시행한다. 매년 팜스테이마을 중 1사1촌 시범사업마을을 선정해 2억 원의 사업비를 별도 지원하기도 한다.

마을 만들기 사업의 시작은 타당성 검토와 구상에서 출발해야 한다. 진지한 사전 검토와 사업 구상도 없이 감당하지 못할 사업을 선뜻 받아 곤경에 처한 마을이 한두 곳이 아니다. 타당성 검토가 결여된 마을사업은 자칫 돌이킬 수 없는 자충수로 작용한다. 주요 사업·인력 등 사업 조직, 농지 등 토지 활용, 자연과 공동체 등의 환경영향 등을 사전에 철저히 고려해야 한다.

그 다음은 자원 조사다. 그 마을의 정체성을 규정할 자원은 억지로 만들 수 있는 게 아니다. 자원의 총합은 결국 농촌의 경쟁력을 담보할 어메니티를 이룬다. 대기·물·토양·기후·지형·동물·식생·환경 등 자연환경 자원, 그리고 문화재·전통건축물·마을 구조물·상징물·유명 인물·풍수지리·전설·축제·놀이·음식 등 역사문화자원을 공을 들여 조사하고 발굴해 내야 한다.

그래야 제대로 된 '행복마을' 계획을 세울 수 있고 도·농 교류사업을 성공적으로 추진할 수 있을 것이다.

scene 47

로커보어를 잡아라

최근 '일본 대지진'과 리비아 사태로 국제 유가를 비롯한 원자재 가격이 폭등하자, 각 기관에서는 강도 높은 에너지 절감운동을 펼치고 있다. 먹을거리에도 에너지를 절감하는 '로컬 푸드'를 실천했으면 한다.

'푸드 마일리지(Food Mileage)'라는 용어가 있다. 식품 수송에 의한 환경부하량이 어느 정도인지 파악할 수 있는 지표를 만들어 보자는 데서 착안한 개념이다. 즉 가능한 한 가까운 곳에서 생산된 농산물을 소비하는 것이 식품의 안전성을 높이면서 환경오염을 경감할 수 있다는 것이다. 푸드마일리지의 계산법은 쉽다. 원산지로부터 소비지까지의 수송량(t)과 수송거리(㎞)의 곱으로 산정한다. 푸드마일리지는 낮을수록 좋다.

2007년 기준 1인당 1t의 먹을거리에 대한 푸드 마일리지는 우리는 5,121㎞로 일본과 유사하지만 영국의 2배, 프랑스의 6배로 상대적으로 크다. 그만큼 수입을 많이 하고 있다는 뜻이다. 이처럼 먹을거리의 수송거리가 길면 생산이력에 대한 신뢰도가 떨어지고 변질되기 쉽다. 또한 원거리 수송에 따른 유류 소비가 늘어나 기상이변의 원인이 된다. 반면, 먹을거리의 수송거리가 가까울수록 안전하고 더 신선한 식품을 얻게 된다.

또 작년 초 발표한 연구 자료에 따르면 쌀(8kg)의 CO_2 배출량은 국산(충남 아산)은 147g인 반면 중국산은 669g이었다. 국산(충북 괴산) 콩(500g)은 13g인 데 비해 미국산은 463g이었다. 즉 국산 쌀·콩을 소비하면 각각 522g과 450g의 CO_2 배출을 줄일 수 있다는 것이다.

이러한 인식 때문에 로커보어(locavore)가 급증하고 있다. '로커보어'란 지역을 뜻하는 로컬(local)과 먹을거리를 뜻하는 보어(Vore)의 합성어로 자기가 살고 있는 지역에서 재배된 식품만 소비하는 사람을 뜻한다. 이 같은 현상이 미국의 음식문화뿐 아니라 유통시장에도 변화를 가져오고 있다.

한편, '로컬푸드'란 '지역 먹을거리를 지역에서 소비해 에너지 낭비를 줄이고 지역농업의 활성화를 도모하자'는 운동이다. 또한 제철에 나온 식품은 맛과 영양이 좋아 건강에 이롭고, 생산자는 에너지를 절약할 수 있다. 그리고 소비자는 농산물의 생산과정을 눈으로 수시 확인할 수 있고 생산자와의 인간적인 교감을 나눌 수 있다는 장점이 있다.

그런 의미에서 로컬푸드를 실천해야 한다. 주말농장, 옥상이나 베란다 텃밭 등을 통해 실천하고, 단체 급식의 식재료 조달을 지역농민과 계약을 하여 로컬푸드로 대체한다. 아울러 마을단위로 자매결연해 지속적인 관계를 발전시키는 한편, 생산자단체에서 매주 여는 직거래 장터나 파머스마켓 등을 통해 지역농산물을 소비하는 기회를 자주 가져야 한다.

미국 소비자들은 수입농산물의 생산과정을 신뢰하지 못하고 유기농 제품보다 운송거리가 짧은 지역 농산물이 더 신선하고 안전하다고 믿고 있는 것으로 나타났다. 이러한 인식 때문에 로커보어가 급증하고 있다. 이들의 소비 성향에 맞춰 미국 유통업체들은 발빠른 변화를 보이고 있다. 미국의 많은 식품 매장에서는 로커보어를 겨냥해 지역의 토종 식품들을 진열·판매하고 있다.

예컨대, 매장과 웹사이트를 통해 토종식품 판매를 적극적으로 펼치고 있으며 꾸준히 식품재배농가와 연계해 정기적으로 식품을 공급받고 있다. 또한 지역 내 소규모 채소 재배 농가와 연계를 강화하는 시스템을 만들고 지역농산물 수요 증가에 맞춰 수백 가지의 새로운 식품을 매장에 진열해 놓고 있다.

로커보어 현상은 지속 가능한 트렌드다. 우리 농산물도 로커보어를 잡기 위한 적극적인 판매 전략을 펼칠 때이다.

scene 48

떠오르는 빌딩농장

　일본은 근래 대지진과 방사능 공포로 채소 가격이 금값이다. 우리도 작년 김장철에 1~2천 원이던 배추 한 포기 가격이 1만 원을 훌쩍 넘었던 적이 있다. 이런 원인은 날씨 탓도 있지만 유통업계의 문제점도 있다. 원인이 어떻든 이 같은 채소 품귀 사태가 계속적으로 되풀이될 것이라는 생각에는 일치할 것이다. 반복되는 기상이변과 농경지 축소는 언제든 농작물 부족을 야기할 수 있기 때문이다. 이에 빌딩농장과 같은 시설이 주목받고 있다. 가장 기본적인 먹을거리를 안정적으로 수급하기 위한 근본적인 대책이 될 수 있다는 이유에서다.

　빌딩농장이란 도심에서 기후 변화에 영향을 받지 않고 일상적으로 다양한 작물을 재배할 수 있는 수십 층의 빌딩에 마련된 공간을 일컫는다. 주로 도심에 버려진 공터를 텃밭으로 조성하는 도시농원과는 큰 차이를 보인다. 게다가 빌딩농장은 단순히 농지를 늘리는 수준을 넘어선다. 각종 혁신적인 기술을 적용시켜 안정적인 농작물 재배를 가능하게 하는 것이 빌딩농장의 가장 큰 변별점이다.

　혹자는 전통적인 농업에 반하고 자연의 섭리를 거스르는 일이라며 빌딩농장을 비판한다. 농장 구축에 필요한 재원 마련도 걸림돌이 되고 있다. 비싼 지가를 어떻게 감당할 것이며 대체 에너지 개발에 들어가는 비용 부담도 문제라는 것이다. 미국은 땅이 무한정으로 넓은 나라임에도 물과 식량 부족 등 만약의 사태에 대비해 빌딩농장을 연구하는 자세가 놀랍다. 농업은 땅에서 농산물을 생산하는 산업이라는 고정관념에서 벗어나야 한다. 빌딩농장은 정작 우리나라처럼 국토가 좁고 땅값이 비싼 나라에서 절실한 농법이다. 연례행사처럼 벌어지는 배추파동 문제를 해결하기 위해서라도 빌딩농장 건설이 필요하다.

빌딩농장 건설에 가장 적극적인 행보를 보이는 국가는 일본이다. 빌딩농장의 또 다른 형태인 식물공장 구축에도 대기업과 자치단체가 뛰어들었다. 그 결과 현재 일본은 50여 개의 식물공장을 구축했다. 3년 내에 150개로 늘릴 예정이다. 일부 기업은 중동에 관련 시설을 수출하고 있다. 일본 정부는 2020년이 되면 식물공장 시장이 417억 엔(약 5천616억 원) 규모로 성장할 것으로 전망했다.

미국의 경우 뉴욕 맨해튼에서 2008년 '버티컬 팜'에 대한 타당성 검토를 마치고 구체적인 건설 작업에 착수했다. 뉴저지 주 뉴악 시도 뉴저지기술연구소·럿커스대 등과 협의해 빌딩농장 건립을 추진하고 있다. 그 밖에 프랑스·덴마크·캐나다 등도 빌딩농장 건설을 적극 검토 중이거나 건설에 착수한 상태다.

하지만 빌딩농장에 대한 우리의 관심이나 연구는 아직 미흡하다. 농촌진흥청에서 관련 분야 연구를 이끌고 있으며, 현재까지 개발된 국내 기술은 세계 최고 수준과 비교해 50% 정도이며, 몇몇 지자체와 일부 기업에서 빌딩농장 건립을 검토하는 있는 수준이다.

빌딩농장은 햇빛 대용으로 발광다이오드(LED)를 활용한다. LED는 식물이 광합성을 하는 데 필요한 빛을 공급하며 성장 속도를 촉진시키는 역할도 한다. 따라서 태양빛이 직접 미치지 않는 건물 내에서도 충분히 태양을 대체할 수 있다. 또한 빌딩농장 내에서는 온도·수분·양분 등도 적절히 공급할 수 있다. 자동조절장치로 재배시기를 조절하는 일도 가능하다. 물론 조류·어류도 사육할 수 있다.

빌딩농장이 제대로 관리되기 위해서는 각종 첨단 장비가 필요하므로 IT·BT 등 관련 산업과의 융합도 필수적이다. 효율이 높은 LED의 개발, 온도·습도 조절 등 원격 환경 제어를 위한 시스템 구축, 농작물에 피해를 주지 않는 구조물 건축 등이 그것이다.

좁은 땅만 보고 살아온 우리에게 먹을거리 위기는 앞으로도 계속될 것이다. 당장 눈앞에 수익성만 따질 것이 아니라, 조만간 닥쳐올 위기에 대비해 빌딩농장 사업에 대한 논의가 활발해졌으면 한다.

scene 49
궁합이 맞아야 잘 팔린다

달포 전 고향 가는 길에 문턱 없는 시골밥집에 들렀다. 이곳 '문턱 없는 밥집'에는 단짝도 있다. 바로 옆에 자리한 '기분 좋은 가게'다. 이 가게는 유기농산물 매장, 재활용품점, 북카페의 성격이 합쳐진 대안가게다. 매장에 들어서면 바로 앞에 유기농산물이 보인다. 현미잡곡, 미숫가루, 통밀가루, 각종 장류, 멸치액젓과 양념류 그 밖에 산국화차, 녹차, 감식초, 효소 등 마실 거리까지 다양한 품목을 판다. 가게의 오른쪽에는 예쁘고 고운 빛깔의 옷이 걸려 있다. 모두 재활용 옷들이다. 옷 코너 반대쪽에는 도서선정위원들이 선정한 책들이 꽂혀 있다. 책 코너 앞에는 테이블을 만들어 신선한 유기농 차를 마시며 책을 읽을 수 있도록 했다. 바로 궁합을 맞춘 단짝마케팅의 현장이다.

또 시내 편의점을 지나다 보면 컵라면을 고르는 사람들이 눈에 띤다. 그런데 그들이 빼놓지 않고 구입하는 것이 바로 김치. 근처에 진열된 김밥 역시 컵라면·김치와 함께 단짝을 이룬다. 이처럼 주력상품과 궁합을 맞게 판매하는 제품을 '단짝상품'이라고 한다.

단짝상품의 마케팅 전략은 업체 매장 곳곳에 숨어 있다. 풀무원식품은 장과 참깨로 맛을 낸 '쉐프메이드-오리엔탈 드레싱'을 두부와 매치시켜 판매한 결과 작년 매출이 전년보다 2배가량 상승, 전체 드레싱 가운데 매출 1위를 기록했다.

또한 풀무원은 프리미엄 건강 시리얼 '뮤즐리'를 출시하면서 자사의 냉장두유인 '소야밀크'를 함께 묶어 판촉활동을 벌이고 있다. 뮤즐리가 건강 시리얼이라는 것을 알리는 동시에 두유와도 잘 어울린다는 것을 알려 동반 구매를 유도하는 등 일석이조 효과를 내고 있다.

단짝상품을 한데 묶어 판매하는 사례도 늘고 있다. 청정원은 '로제 스파게티소스'와 스파게티면을 한데 묶어 할인된 가격에 판매하고 있다. '로제 스파게티소스'의 인기가 높아지자 기획한 행사로, 스파게티면과 소스를 각각 구입하는 소비자가 많아지면서 매출 동반상승 효과를 거두고 있다.

동원 F&B는 네모난 모양의 '동원 델큐브참치'를 출시하면서 참치 맛장 굴소스가 들어 있는 출시기념팩을 선보였다. 조림과 볶음 요리에 맛을 더해 주는 굴소스를 함께 담아 소비자들이 직접 다양한 요리에 적용할 수 있도록 유도, 제품의 특장점을 직접 경험해 볼 수 있도록 한 것이다.

오레오는 아빠와 나만의 달콤한 비밀이라는 콘셉트로, 아빠의 환한 미소를 보고 싶은 아들이 오레오를 맛있게 먹는 비밀 비법을 알려주겠다며 오레오 쿠키를 비틀어 하얀 크림을 맛본 후 우유에 퐁당 찍어 먹는 방법을 공유하는 광고를 선보였다. 오레오를 먹을 때 자연스럽게 우유를 연상할 수 있도록 '오레오＋우유'를 노출시키고 있는데, 오레오는 국내뿐 아니라 해외 광고에서도 오레오를 우유에 적셔 먹는 장면을 노출시켜 소비자들에게 '오레오＋우유'를 연상하도록 마케팅하고 있다.

이렇듯 식품업계에서는 영양학적인 궁합을 내세운 마케팅을 많이 활용하고 있다. 궁합마케팅은 제품 간의 장점을 결합시켜 영양적인 효과에 대해 소비자들에게 전달함으로써 제품 간의 시너지 효과를 높여 판매 상승을 유도하는 것인데, 유통업체들도 이러한 점에 착안해 궁합상품을 묶어 판매하거나 가까운 곳에 진열시켜 매출을 높이는 데 적극적으로 활용하고 있다. 이러한 마케팅은 소비자가 제품을 구입할 때 연상 작용을 일으켜 제품 구매의 동선을 좁히는 효과가 있어 식품업계에서 이용하기 좋은 전략이다. 이 같은 마케팅은 점차 여러 상품군으로 확산될 것이다.

이제는 농축산물도 궁합을 맞춰 색깔 있는 마케팅을 구사해 보자. 봄철 판매 촉진 해법으로 춘곤증에 특효약인 다양한 봄나물들과 단짝상품으로 한데 묶어 소비자의 눈길을 끌어 보게 하자.

scene 50

경관을 팔자

5월 초 청보리밭축제에 다녀왔다. 고창 학원농장은 초록의 물결이 장관을 이룬다. 30여만 평의 야트막한 들녘에 온통 초록만 존재한다. 넓은 들판에 피어나는 보리를 찍기 위해 사진작가, 관광객의 발길이 끊이질 않는다. 지난 한 해 축제를 다녀간 관광객은 30여만 명으로, 한 달 동안 이 지역에서 사용한 금액은 보리수확의 2배 이상인 3억 원 이상이라고 한다. 이렇게 경관농업은 기존의 1차 산업인 농업을 유통화하면서 관광서비스 중심의 3차 산업으로 체질 변화, 부가가치를 극대화할 수 있는 장점을 갖고 있다. 실례로 고창의 청보리밭, 보성의 녹차밭 외에도 제주도의 유채꽃, 광양의 매화밭 등은 전국적으로 농업관광명소로 알려지면서 농촌의 농작물이 이제는 효자 관광 품목으로 고부가가치를 창출하고 지역경제를 살찌우는 농촌산업으로 각광받고 있다.

경기 북부 지역은 농업을 많이 한다. 하지만 생산규모를 늘리는 것도 한계가 있음은 물론 계절적으로 노동력이 과다 소요되는 등 문제점이 적지 않다. 이처럼 농업소득의 한계를 극복하기 위한 대안으로 경관보전직불제라는 게 있다. 이는 농지에 유채·메밀·꽃 등 경관을 좋게 하는 작물을 재배하는 농가에 ha당 경관보전직불금을 지급하는 제도다. 2004년 6월 18일 일본에서 경관법을 제정했으며 같은 해 12월 17일에는 시행령과 시행규칙을 제정했다. 우리나라는 2007년 5월 17일 일본의 경관법과 같은 명칭의 「경관법」이 제정됐고 같은 해 11월 18일 시행령이 제정됐다. 일본과 우리나라의 경관법 제정시기는 3년 정도 차이가 난다. 일본은 경관법을 제정한 이후 7년이 흘렀고, 우리나라는 4년이 흘렀다. 아쉽게도 일본은 경관법 제정 이후 약 7년 동안 경관법에 근거한 많은 좋은 사례를 전개해 오고 있는 반면, 우리나라는 경관법 제정 이후 4년 동안 경관법에 근거한 좋은 사례가 아직 미흡하다.

경기 북부에는 천혜의 자연환경과 향토문화를 갖춘 아름다운 농촌이 많이 있다. 성공적인 경관농업을 위한 몇 가지 사항을 제언하고자 한다. 우선 기본적으로 다양한 사례를 활용하면서, 관련 법률과 조례의 제정 및 운용, 정책과 행정, 계획의 수립과 사업의 실시, 추진 조직 혹은 추진 주체의 구성, 민간 차원의 참여 체제 등 로드맵을 세밀하게 짜야 한다. 둘째, 자발적인 주민참여가 최대 관건이다. 경관관리는 본질적으로 농촌 주민들이 살아가는 일상생활 터전을 가꾸는 일이기 때문에 공동의 활동이 필요하다는 인식을 지역사회 주체들이 공유하는 과정이 필요하다.

셋째, 다양한 경관요소가 조화를 이루는 종합적인 접근이 필요하다. 현행과 같은 특정작물에 대해 생산비를 지원하는 경관보전직불제 방식은 자칫 WTO 협정에 위배될 가능성이 크기 때문에 효과적인 정책수단이 뒷받침되는 농어촌 경관계획수립요령, 경관관리·활용 매뉴얼, 경관맵 등과 같은 종합대책이 마련돼야 한다. 넷째, 효과적인 경관인프라를 구축해야 한다. 갈수록 안전한 먹을거리에 대한 소비자들의 인식이 높아지면서 친환경농산물 시장이 급격한 성장세를 보이는 가운데 지역에서 생산되는 농산물을 소비자들에게 선택받기 위해 인근 시·군에서는 인터넷 개인미디어를 활용해 지역마다 독특하고 아름다운 농촌의 경관과 지역 농작물을 많은 대중들에게 알리면서 농촌에 대한 깊은 인상을 심어 줘야 한다.

경관농업은 농업의 미래가 될 수 있는 충분한 가능성을 갖고 있다. 다만 농업을 근간으로 유통업, 관광업 등 다양한 산업이 결합돼 있는 만큼 치밀한 준비를 해야 그 가능성이 현실이 될 수 있을 것이다.

좋은 환경은 좋은 의사다

'투모로우', '불편한 진실', '에린브로코비치' 등에서 보듯이 기상이변을 배경으로 한 영화작품의 주된 소재는 대개 '환경'이다. 환경론자와 개발론자들이 치열하게 벌이는 논쟁은 언제 봐도 짠한 느낌이다. 동서고금을 막론하고 환경이 사람들의 애환을 생생하게 담아내는 매개가 된 데는 무엇보다 기후 변화에 가장 크게 영향을 미치는 요소이기 때문이다. 이뿐만 아니라 환경은 사람들에게 있어 단순한 무형자산의 의미를 넘어 선진국과 후진국의 위상을 구분 짓는 일종의 '잣대' 역할도 한다.

반면, 전 세계적인 유가 급등 및 석유 수급의 불안정으로 안정적인 에너지 확보가 국가적인 차원의 중요한 문제로 부각됐다. 2005년 발효된 기후협약에 따라 온실가스 감축목표에 관한 교토의정서를 준수해 환경문제도 동시에 해결해야 하는 상태다. 당면한 에너지 위기의 해결책으로는 원자력이 일차적인 해결책으로 인식돼 왔다. 그런데 최근 들어 일본 후쿠시마 원전 사고로 원전에 대한 불안감이 빠른 속도로 확산되면서 원자력 에너지의 확대에 제동이 걸린 상태다.

좀 더 정확하게 말하면 환경의 중요성이 더 부각되고 있다는 것이다. 이것은 국가적 차원의 또 하나의 고민거리임에 틀림없다. 잘 알다시피, 우리나라는 국가의 안정적인 에너지 확보는 물론 온실가스를 획기적으로 줄일 수 있는 대체 에너지가 반드시 필요하다. 대부분의 에너지를 수입에 의존해 살아가는 심각한 수준의 '에너지 빈국'이기 때문이다. 그렇다고 환경이 에너지 뒷전에 밀려서는 안 된다. 원전의 안전성 확보와 신재생 에너지의 개발은 일관성 있게 추진하는 한편 일차적으로는 환경문제 해결이 선행돼야 한다고 본다. 왜냐하면 근래 기상이변과 환경오염 문제가 잇따르면서 '식량 민족주의'란 말이 나올 정도로 세계 각국이 먹을거리에 잔뜩 신경을 쓰기 때문이다.

인간이 자연환경에서 자연물을 이용해 살다가 자연으로 돌아가는 농업사회에서 공해라는 것은 생각할 수 없었다. 하지만 그동안 인간이 저지른 환경 파괴가 대재앙으로 되돌아오고 있는 시점에서 우리에게는 변화가 필요하다. 물론 옛날의 자연 그 모습으로 돌아가자는 것은 아니지만 앞으로는 자연과 조화를 이루면서 개발하고, 지금의 자연환경을 잘 보존했으면 하는 바람이다. 인간의 편리함을 위해 자연을 마구 훼손하는 것은 어리석은 짓이다. 자연이 있기에 우리가 숨을 쉬고 살아갈 수 있기 때문이다.

일본은 지진 발생국가로 철저한 대비를 해 왔지만 지난번 초강진 앞에선 속수무책이었다. 이제 세계 각국은 어느 나라든지 환경 대재앙-지진의 안전지대가 아니라는 사실이다. 우리도 이번 일본 대진과 뉴질랜드 지진 그리고 중국 쓰촨성 대지진과 같은 사건을 교훈 삼아 자연재해를 예방하기 위한 대책들이 강구되기를 바라며 인간의 욕심에 의한 급격한 생태계 변화나 난개발이 엄청난 자연재해를 부르는 결과를 초래하게 된다는 사실을 명심하는 계기가 돼야 한다. 여름방학과 다가올 휴가철을 앞두고 환경문제에 대해 다시 한 번 고찰해 보는 시간을 가져 자연과 더불어 사는 것에 대해 모두 함께 생각해 보고 그러한 삶을 실현하기 위한 실천이 중시되었으면 한다.

좋은 환경은 좋은 의사다. 의사는 인간의 상처를 고치고 잘못된 곳을 치료한다. 이렇듯 좋은 환경은 도시의 환경이 오염되고 삭막하고 거칠어진 곳에 또는 오염되고 더러워진 곳을 치료하고, 정화하고, 삭막하고 거친 공간에 푸름을 심어 내고, 오염되고 더러워진 공간에 부드러움과 아름다움을 이끌어 내 도시가 점점 커 가면서 생긴 병들을 조금씩 치료하는 의사이기 때문이다. 환경을 지키고 녹색성장을 추진해 에너지의 자급률을 높여 나가는 일, 차일피일 미룰 일이 절대 아니다.

scene 52
농활도 변화시스템 필요

 방학과 함께 대학생들의 농활이 본격적으로 시작되었다. 농활의 전통은 1960년대 후반 이후 활발해진 대학생들의 '농촌봉사활동'에서 찾을 수 있다. 이 전통은 1970년대 후반에 이르면서 시혜적인 느낌을 주는 '봉사'라는 말을 빼고 그냥 '농촌활동'이란 개념으로, 사회운동적인 함의가 강화된 형태로 계승됐다. 이렇게 정착된 '농활'은 1980년대에 이르러 학생운동의 급진화와 대중화에 중요한 초석이 됐다. 수많은 젊은이들이 농활을 통해서 사회적 책임의식을 배웠다.

 이렇듯 농활이란 '새마을운동'이라는 말과 견줄 정도의 전통을 갖고 있다. 그러나 모든 전통이 그렇듯 농활 역시 처음부터 끝까지 동일한 전통은 아니었고, 시대에 따라 그 의미와 강조점, 형태가 변모해왔다. 사실상 대학생들을 포함한 대부분 사람들이 '농업인의 자식'이 아닐 수 없었던 시대의 농촌봉사활동 중심인 농활과 도시에서 자란 오늘날 대학생들의 농활이 같을 수는 없다

 하지만 취업준비와 아르바이트 등으로 농촌봉사활동에 참여하는 대학생 수가 해마다 줄고 있다. 이는 농활이 학점과 연계되지 않아 큰 혜택이 없고, 취업난에 이른바 '스펙 쌓기'에 바쁘다 보니 학생들

이 농활을 기피하기 때문이다. 농활은 오늘의 기성세대에게는 대학시절 여름방학의 추억이지만 요즘 대학생들에게는 어학연수나 국토대장정과 같은 말에 비해 다소 생소한 단어가 되어 가고 있다. 대학생들의 봉사활동마저 줄면서 일손이 부족한 농번기 농촌 현실이 안타깝기만 하다.

해마다 농활을 가는 대학생이 줄어들고 있다지만 그럼에도 농활이 의미가 있는 건 젊음의 땀과 열정으로 농촌의 부족한 일손을 돕는 값진 봉사를 할 수 있기 때문일 것이다. 그런데 요즘 대학생들에게 이런 농촌에 대한 기억이 자꾸만 없어지는 것 같아 걱정이다. 단지 일부 농과대학 등의 농활동아리가 명맥을 유지하고 있을 뿐이다.

이제는 농활에도 창의력이 필요하다. '창조운동'이 도입되어야 한다. 창조운동이란 다양한 농촌봉사활동으로 농활 사이에 문활(문화교류), 의활(의료봉사), 효활(자식 노릇 하기), 공활(공학지식 전수) 등을 함께 펼쳐 가는 새로운 농활모델방식이다.

근래 문화체육관광부와 농림수산식품부는 전국의 농촌을 찾아 문화 프로그램을 진행하며 정서적 교감도 쌓을 대학생 자원봉사활동단 '문화배달부'를 선발해 운영하고 있다. 선발된 대학생들은 인근 농촌마을을 매월 2회 이상 방문하며 세대 간, 지역 간 문화 교류의 메신저 역할을 하게 된다.

이들은 주말과 여름 방학을 중심으로 농촌마을을 찾아 마을 다큐멘터리 제작, 어르신 자서전 만들기 등 문화활동을 전개하면서 일손도 돕고 농촌의 삶과 문화도 배우고 있다.

순천향대 의대생들의 경우, 방학을 이용해 정기적으로 농촌을 찾아 100여 항목의 문진표를 작성해 밤늦게까지 건강 상담을 하고 당

뇨, 혈압 등을 체크한다. 여기에다 마을주민들의 머리를 염색해 주고 테이핑 요법으로 팔과 다리를 치료해 주는 한편 안마와 발마사지 봉사를 통해 '효활'을 실천하고 있다.

농활은 공과대학생에게도 필요하다. 대학에서 배운 공학 지식을 바탕으로 경운기, 트랙터 등의 농기계를 수리하고 노후화된 농가의 전기배선 시설 등을 고쳐 주는 실습장 역할도 한다. 이런 프로그램처럼 '농활'의 참된 의미를 되새기고, 각 학과마다의 특성을 살려낼 수 있는 농촌봉사활동으로의 영역을 넓히는 것이 좋겠다. 또한 각 대학과 농촌의 지속적인 연계를 통해 대학생 '농활'이 부활할 수 있는 제도적인 장치 마련이 긴요한 시점이다.

이제 농과대학생만 농활을 한다는 생각은 바꿔야 한다. 농활도 하나의 창조운동이다. 과거 농촌봉사활동 위주의 전통적 농활방식에서 벗어나 다양성과 지속성을 추구하는 혼합방식이 농활의 경쟁력을 보장해 주는 새로운 모델이 될 수 있을 것이다.

scene 53

성공하는 마을사람들 따라잡기

어느 신화를 보든 모든 민족은 땅을 신성시 여겼다. 질 좋은 토양은 곡물뿐만 아니라 나무를 키워 내 필요한 자원을 대 줬기 때문이다.

그런데 언제부터인가 '농촌에는 희망이 없다'는 말이 회자되고 있다. 물론 화려한 생활이 인생의 전부라면 그렇다고 볼 수도 있을 것이다. 하지만 우리가 추구하는 삶의 최종 목표가 따스함, 여유, 행복 등이라면 대답은 달라질 수밖에 없다.

임실치즈마을의 경우, 외양은 평범하지만 농촌의 정을 흠뻑 느낄 수 있는 치즈체험마을이다. 방문객들은 예약을 하고 1만 9,000원의 입장료를 내면 프로그램에 따라 치즈와 관련된 다양한 체험을 즐길 수 있다. 마을식당에서 치즈돈가스를 먹고 경운기를 타고 치즈 체험장으로 가 모차렐라치즈를 직접 만드는 '기본체험'뿐 아니라 송아지 우유 주기, 목장 썰매, 산양 젖 짜기, 산양유로 비누 만들기 등 '선택체험'도 할 수 있다. 1박2일 팜스테이 체험프램그램도 운영한다.

치즈체험으로 벌어들인 돈은 주민들의 호주머니로 바로 들어가지 않고 우선 마을발전기금으로 쓰인다. 건물도 짓고 편의시설도 만드는 등 마을 발전을 위해 재투자하는 것. 이후 발생한 소득은 부가세·카

드수수료·마을세 등을 공제한 뒤 농가에 지급되는데, 지난해의 경우 매출액의 63%인 5억7,461만원이 회원 농가들에게 돌아갔다.

이처럼 주변에서 농업경영으로 성공을 거둔 마을사람들의 습관을 살펴보자. 거기에서 성공의 해답을 찾을 수 있으며, 실패를 하더라도 더 또 하나의 큰 실패를 막는 예방주사가 될 수 있는 요건이 될 것이다.

첫째, 동화만사성(洞和萬事成)을 추구한다. 충남 보령시 청라면 장현리에서 10대째 농사를 짓고 있는 김민구 씨는 나 홀로 성공보다는 마을 농가 전체가 성공해야만 장기적으로 비전이 있다고 생각하는 사람이다. 그래서 마을 공동의 팜스테이를 추진 중이다. 마을 전체가 팜스테이를 하게 되면 점심은 밥을 맛있게 하는 농가에 가서 먹고 오후에는 오리농법으로 농사짓는 논에 가서 체험하는 등 방문객들이 먹을거리·볼거리, 할 거리 등을 한꺼번에 할 수 있다는 것이다.

둘째, 농업에 엔터테인먼트를 결합시킨다. 경기도 화성시 봉담읍의 김민중 씨는 원래 연예인을 꿈꾸었던 까닭에 농사와는 거리가 먼 집안이었다. 하지만 지금은 '상추 오빠', '다솜추 전문가'로 통하고 있다. 젊은 농사꾼이 색다른 상추를 재배하는 것도 이야깃거리지만, 재배 방법도 독특하기 짝이 없습니다. 예컨대 상추에게 힙합을 들려준다. 정말 상추에게 힙합을 들려주면 잘 클까? 과학적 근거는 그다지 중요하지 않다. 힙합을 좋아하는 민중 씨가 힙합을 틀어 놓고 즐겁게 일하면 상추도 예쁘고 크게 쑥쑥 자란다.

셋째, 긍정적인 열린 사고를 근본으로 한다. 경북 예천에서 일본으로 꽃을 수출하는 박세우 씨는 성공담만큼이나 실패담도 많다. 처음 남천을 시작할 때 중국에서 씨를 수입했다. 육모를 하는 동안 씨가 썩어 버렸다. 씨가 얼어 있었던 것이 문제였다. 이처럼 생명이 있는 것은 복잡하다. 이 때문에 세우 씨는 실패를 했다고 해서 좀처럼 낙담하지 않는다. 어떤 일을 하든 긍정적인 열린 사고가 필요하지 않는 사업은 없다고 힘주어 말한다.

넷째, 항상 고객의 편에서 생각하고 판단한다. 서울에서 전북 진안으로 귀농해 '무릉원' 농장을 운영하고 있는 박용 씨의 식당 '미학'은 여러 팀의 손님을 한꺼번에 받지 않는다는 데 있다. 한 번에 한 팀만, 예를 들어 점심시간에 4명이 한 팀이 되어 예약을 한 뒤에 10명이 한 팀이 되어 오겠다고 하면 정중히 다음에 오시기를 권유한다. 식당은 넓지만 산골짜기 식당을 찾아온 손님에게 도시의 번잡한 식당처럼 모실 수는 없다는 게 식당 '미학'의 원칙이다.

다섯째, 장인정신을 이어 간다. 경기도 파주시 적성면에서 부모님과 함께 산머루농원을 운영하고 있는 서충원 씨가 2006년 7천 평 머루농원에서 얻은 매출액은 15억 원이다. 충원 씨는 몇백 년씩 가업으로 포도주를 생산하는 프랑스의 포도주 명가처럼 되기 위해서는 오랜 세월 쌓이고 쌓여야 가능한 일이기에 아버지에 이어 충원 씨, 다음은 아들인 동희 군으로 징검다리를 이어 갈 계획이다.

여섯째, 인적 네트워크를 구축해 정보를 공유한다. 경기도 연천군 장남면에서 부모님과 함께 벼농사와 인삼농사를 짓고 있는 오세철 씨는 한국농업대학 특용작물과 졸업생이다. 세철 씨는 인삼농사 잘 짓기로 꽤나 유명해 한국농업전문학교 동기나 후배들이 인삼 재배방법을 배우기 위해 찾아오기까지 한다. 보통 인삼경작자들은 재배방법을 기밀로 여기고 가르쳐 주지 않는데 세철 씨는 자신이 아는 것은 최대한 공개한다. 모두들 성공해야 세계시장에서도 더 독보적인 위치에 오를 수 있다고 생각하는 세철 씨이다.

일곱째, 주관을 이겨 낼 줄 안다. 강원도 정선군 남면 낙동리 제일 농장의 전영석, 염영주 부부는 서른 살 동갑내기로 15만여 평이 넘는 밭에 고랭지채소·더덕·오가피를 키우고, 산자락 60만 평에 잣나무와 산채, 약초를 키우고 있다. 이들 부부는 주관을 이기면 성공한다고 한목소리를 낸다. 영석 씨는 농장 일을 하는 틈틈이 사람 만나는 일과 교육받는 일을 게을리하지 않는다. 즉 사람을 많이 알고 있어야 주관을 이겨 낼 수 있다는 것이다.

부지런함이 으뜸의 덕목이었던 성실농업은 지나가고 자신만의 아이디어를 함께 농업에 접목시키는 창조농업이 오늘날 성공농업의 덕목으로 급부상하고 있다. 때맞춰 성공하는 농업인들은 이렇게 일곱 가지 습관으로 마을 부흥을 꿈꾸고 있는 중이다.

제 3 부

체험별곡

scene 54

농어촌체험프로그램이란

도입: 농어촌체험이란 무엇인가?

도심을 벗어나 정겨운 농어촌에서 새소리, 물소리 들으며, 정겨운 체험을 해 보자. 아이들뿐만 아니라 어른들도 우리 조상들의 생활 모습과 삶의 지혜를 배우는 좋은 기회가 될 것이다. 별이 꽉 찬 밤하늘 아래에 모닥불을 피워 놓고 온 가족이 모여 오순도순 이야기꽃을 피워 보자. 색다른 추억과 고향의 정취를 흠뻑 느끼게 될 것이다. 사람과 정이 그리울 때는 자연을 찾아 삭막한 도심을 탈출해 보자. 분명 진한 감동과 만족이 기다리고 있을 것이다.

농어촌은 마음의 고향이다(언제나 돌아가 안길 수 있는 어머님의 따스한 가슴). 농산어촌은 연인이다(힘들고 지칠 때 위로해 주는 사랑). 농산어촌은 희망이자 등불이다. 이런 희망과 등불을 현실로 만들어 가는 중심에 농어촌체험이 있다. 체험(experience)의 사전적 의미는 "실제로 보고 듣고 겪는 일 또는 그 과정에서 얻는 지식이나 기능"을 총체적으로 가리키는 용어로서, 동기-현지경험-결과라는 일련의 과정을 통하여 이루어진다. 그러므로 체험관광은 현장에서의 직접경

험뿐만 아니라 관광행위의 사전·사후의 활동까지도 포함되며 체험의 대상은 인간 생활의 모든 환경요소가 포함되어 그 범위를 한정하기 어렵다. 체험의 의미를 현지 경험으로 국한하여 본다면 일반적으로 관광객의 관광대상지에서 체험하고자 하는 요인은 일탈감, 지적체험, 대인교류감, 자연 친화감, 모험감, 신기 이색체험, 창의적 체험 등으로 대별할 수 있다.

오늘날의 관광은 관람형 관광에서 벗어나 체험하여 느끼게 하기 위한 다시 말해, 관광객이 이질적인 문화에 일시적으로 동화되어 볼 수 있도록 직접 그 문화를 체험하게 하는 가상체험의 장을 마련하여 감동받을 수 있도록 하는 매력적인 체험형 관광상품 개발이 필요한 시기에 이르렀다. 또한 체험은 정서적인 활동이 일어날 때 이루어지기 때문에 단순한 감각이나 의식이 아니라 의미 있는 것에 대하여 자신이 존재하고 있음을 알고 하는 것이다. 인간은 기본적인 욕구가 충족되고 나면, 적절한 상태에서 즐거움을 느끼게 되는 것보다 더 높고, 좋은 단계의 체험을 맛보려고 한다. 이렇게 '가장 행복하고 충만한 순간'을 맛볼 수 있는 곳이 바로 농어촌마을이다. 마을(village)의 사전적 정의로는 도시가 아닌 고장에서 여러 집이 이웃하여 살아가는 동네 또는 말, 촌락(村落), 촌리(村里), 시골영역에서 거주의 중심을 형성하는 주택과 다른 건물의 집합이란 협의의 개념이 일반적이며, 우리나라에서는 벌, 마을, 고을 등의 순수 우리말과 한자로 표기된 읍락, 촌락, 부락, 취락 등이 그 용어로 사용되고 있다. 구체적인 마을의 개념은 인가를 구성단위로 보고, 인가가 집합된 촌내로 한정시키는 협의의 마을과 인가를 주축으로 하여 주변에 배치되고 있는 부속건물, 경지, 도로, 수로, 공지, 울타리 등 정주공간 전체를 포괄하는 광의의 마을이 있다.

우리나라 전통적인 정주공간으로서의 농어촌은 농어민들의 자족적 생활권인 동시에 독자적이고 통일된 조직체를 형성하고 있는 자연집단으로 나타나고 있다. 이러한 농어촌마을은 공동체적인 속성과 관련된 동족관계나 근린관계로 얽힌 가족을 단위로 구성되어 왔으며, 촌락의 많은 수가 집촌의 형태를 취하고 있다. 이러한 특징은 폐쇄성과 고립성을 내재하고 있어 오랜 세월을 거치며 지역의 특성에 적합한 농어촌마을의 경관을 형성하여 왔다. 그러나 근·현대화 과정에서 농어촌마을 본연의 정체성을 외면한 도시 지향적 사고에서 비롯된 개발도구의 내·외적 요인에 의해 전형적 농어촌마을은 혼주화·도시화하여 그 본래의 모습을 상실해 감에 따라 그 정의나 개념 정립도 지리적·사회문화적 측면에서 다의적으로 나타나고 있다.

[체험을 알면 농어촌의 미래가 보인다]

[목표]

1) 농어촌체험의 의미와 가치에 대해 설명할 수 있다

　요즘 해외여행 대신 농어촌체험으로 발길을 돌리는 도시민들이 늘고 있다. 농림수산식품부를 비롯한 관련 부처에서는 이러한 도시민들의 휴식·체험관광수요를 농어촌으로 흡수하여 농어촌관광사업을 활성화시키고 농어촌을 도시민들이 다시 찾고 싶은 문화와 휴식공간으로 탈바꿈하기 위해 애쓰고 있다. 과거 소주병이 나뒹구는 평범한 농어촌에 체험이 들어가면서 새로운 관광지로 거듭난 셈이다. 최근 분석자료에 의하면, 녹색농촌체험마을의 경우, 2008년 경제적 효과(235만 9천 명~308억)는 2004년(92만 8천 명~74억) 대비 4배가 증가했다. 1사1촌의 경우는 매년 550~60억 순증하였고, 교류 횟수도 2006년(3.5회)에서 2008년(5.3회)로 지속적으로 늘고 있다. 앞으로 농어업인들은 자신들이 살고 있는 농어촌이 소중하고 아름다운 곳이란 것을 새롭게 인식하고, 도시민들은 농어촌을 건전한 여가선용과 체험교육 공간으로 삼을 수 있는 계기가 될 것으로 기대된다.

2) 농어촌에 존재하는 어메니티 자원을 알고 설명할 수 있다

　농촌어메니티는 그 자원이 갖는 속성에 의해 환경·생태적 가치, 경제적 가치, 문화·심미적 가치를 지닌다. 농촌어메니티는 존재 자체로 생태적 가치를 보유하고 있다. 농지의 경우, 농지가 가지는 생태적 다양성 및 경관기능, 홍수조절 기능, 심미적 기능 등으로 인해 다면적 가치를 갖는다. 또한 농촌어메니티는 이용 및 개발, 보전과 관리를 통하여 경제적 가치를 발현 증대시킨다. 어메니티가 위치하는 장소에 거주 및 방문함으로써 가치를 향유할 수 있으며, 특정 어메니티를 기초로 하여 상품화나 인위적인 시설을 설치함으로써 가치 극대화가 가능하다. 농촌어메니티는 문화·심미적 가치도 갖는다. 자연환경 및 문화적 자원이 갖는 심미적 가치를 가지며, 이들은 미래 세대에 전승되는 유산적 가치도 보유하게 된다.

[농어촌어메니티 자원의 분류 및 가치]

현상적 자원	인지적 자원
■ **자연자원** 환경자원, 생태자원	■ **오감자원** 시각, 소리, 맛, 향, 감촉
■ **문화자원** 연사자원, 경관자원, 생활문화자원	■ **감성자원** 美, 快, 淸, 樂, 浄, 溫, 安 등
■ **사회자원** 시설자원, 경제활동자원, 공동체자원	■ **인식자원** 유대, 나눔, 동참, 안정, 건강함

[내용]

1) 농어촌의 의미

우리의 농촌과 어촌의 소외되고 낙후된 부정적인 모습들을 연상하고 있지는 않은가요? 오래된 이미지로 우리의 '촌(村)'을 기억하고 있진 않을까요? 그동안 촌스럽다고 하면 왠지 낙후되어 보이고 유행에 뒤떨어진 것 같은 의미로 종종 사용하고 있는데 말 그대로 촌(村)스럽다는 것으로 우리 농어촌의 모습을 비유한다면 실제 요즘의 발전하고 변화하고 있는 농어촌의 현실과 의미가 다를 수도 있다는 점을 생각하게 만드는 것 같다. 과거 도시화·산업화 과정에서 '도시'는 선망의 대상이 되고 '농어촌'은 구시대적이고 세련되지 못한 곳으로 인식되었으나, 시대가 바뀌면서 농어업·농어촌의 가치와 중요성에 대해 새롭게 돌아봐야 할 시점에 와 있다. 그래서 이제는 '촌스럽다'는 용어의 의미는 새롭게 정의되어야 한다. 그리하여 우리 농어업·농어촌의 진정한 가치를 찾고, 이에 대한 고마운 마음을 전해 도시와 농어촌을 하나로 거듭나야 할 것이다.

2) 농어촌체험이란

농촌에는 커트라인이 없다. 낮은 곳이면 어디든 마다하지 않고 흘러가는 물처럼 행복은 기와집에도 들어가지만 쓰러져 가는 초가집에도 마다하지 않고 들어간다. 어촌에도 커트라인은 없다. 어떠한 수준의 산 높이나 바다 넓이에 도달하면 행복하고 그렇지 않으면 불행하다는 커트라인이 정해져 있지 않다.

농어촌체험이란, "커트라인이 없는 농어촌마을의 독특한 자연환경과 농어촌문화, 유무형의 지역자원을 개발하여 도시민의 심리적 귀향욕구와 농어촌체험 여가활동을 충족시켜 도시와 농어촌이 함께하여 활기 있는 농어촌문화와 농어가소득증대를 꾀하는 행위"라고 말할 수 있다.

농어촌체험사업은 농어촌 지역의 풍부한 관광휴양자원을 농어업과 연계하여 보전·개발함으로써 도농교류를 촉진하고 농어촌 소득 증대 및 지역 개발의 촉진을 도모하기 위한 목적을 가지고 있다. 궁극적인 목표는 마을단위 관광사업 추진으로 농어촌의 정체성을 살리고, 도농교류를 활성화하고 농어촌 주민소득을 높이는 데 초점이 맞추어져 있다고 할 수 있다.

3) 농어촌체험프로그램

(1) 체험프로그램의 개념

하나, 체험프로그램이란

체험프로그램의 사전적 의미는 참여자 스스로 자신의 움직임을 통해 행사의 취지를 느끼고, 진행자의 의도를 따라가는 시간대별 진행계획을 의미한다. 마을을 방문한 기업체의 임직원에게 다양한 체험활동의 기회를 제공함으로써 자매결연마을을 비롯한 농촌에 대한 관심을 유도할 수 있는 교류의 형태이다.

둘, 체험프로그램의 구성 요소

체험프로그램은 프로그램과 더불어 다음 3가지 요소를 갖추어야 한다.

[체험객] 농촌마을을 방문한 관광객으로 프로그램에 참여하는 사람을 말한다. 개인이나 가족, 단체의 형태가 있으며, 체험에 대한 서로 다른 요구사항을 갖는다. 주로 1사1촌 교류를 통한 방문객은 교류기업체의 임직원으로 구성된 단체 혹은 개별 가족의 단위가 주류를 이룬다.

[체험운영자] 농촌마을에 거주하는 주민으로 체험객에게 프로그램의 진행과 해설, 그리고 숙식을 책임지게 되며, 각 역할에 따라 진행자와 보조진행자, 지원인력으로 구분할 수 있다. 체험프로그램의 성패에는 무엇보다 체험프로그램 운영자의 역량과 역할이 매우 중요하다.

[체험프로그램 내용과 장비] 체험프로그램의 운영에 필요한 소프트웨어(프로그램)와 하드웨어(시설, 장비, 공간)를 의미하며, 체험프로그램의 완성도를 결정짓는 중요한 요소이다. 체험객의 흥미를 유발하는 요소로서 체험객의 움직임을 결정지으며, 체험객과 체험프로그램 운영자를 연결시키는 데 매개체로서의 역할을 담당한다.

셋, 체험프로그램의 특성

대표적 교류프로그램의 형태로 대부분의 마을에서 추진하고 있으며, 마을의 여건에 맞춰 가장 용이하게 시작해 볼 수 있다.

농촌체험프로그램은 고도의 심리적 상품이다. 정해진 순서에 맞추어 진행되기는 하나, 사람을 상대로 진행되기 때문에 공장에서 찍어내는 생산품처럼 규격화되어 있는 상품이 아닌 그때그때의 상황 판단에 의해 매우 유동적으로 변화하며, 임기응변을 필요로 한다.

오감체험을 두루 활용하여, 종합적인 즐거움과 재미를 발견할 수 있도록 하는 것이 좋으며, 체험객의 관심과 흥미를 유발시킬 수 있도록 한다.

농촌체험프로그램은 그 지역의 농산물의 생육과정을 직접 눈으로 보고, 체험하게 함으로써 농산물직거래의 기회를 제공할 수 있으며, 지역주민과 밀착된 교류가 가능하다.

(2) 체험프로그램의 유형화

체험프로그램은 각 프로그램별의 특성 및 활동내용에 따라 ① 체험프로그램의 운영, ② 체험행사・이벤트 개최, ③ 농산물직거래 판매, ④ 마을체험시설 제공 4가지 유형으로 구분할 수 있다.

체험프로그램 운영은 마을을 방문한 기업의 임직원에게 다양한 체험활동의 기회를 제공함으로써 농촌에 대한 관심을 유도하는 프로그램이다. 프로그램의 주제에 따라 영농체험. 농촌생활체험, 자연생태체험, 공예체험, 전통문화체험, 레포츠체험, 관광연계체험의 세부프로그램으로 구분한다.

체험행사・이벤트 개최는 교류기업체에 대한 특별한 행사 개최를 통하여 기업과 마을 간의 친밀도 증대를 도모하고자 하는 프로그램이다. 논두렁 음악회・농촌마을영화제 등 각종 문화행사 개최, 정월대보름・기우제 등 다양한 마을행사에의 초청, 수확 초청행사의 성격을 가지는 농산물 품평회 등 세부프로그램으로 구분한다.

농산물직거래 판매는 기업 내 식당 및 임직원에게 농산물직거래를 통하여 믿을 수 있는 농산물을 제공하고, 더불어 마을소득 증진을 도모할 수 있는 프로그램 유형이다. 자매결연 회사 내 직거래 장터 운영, 선물용 농산물 판매를 비롯하여 구내식당용 식자재 구입 등을 통한 판로문제를 해결하는데 계약재배 등 세부프로그램으로 구분한다.

마을체험시설 제공은 마을 내 텃밭・운동장・숙박시설・회의실 등 마을 내 기반시설을 폭넓게 활용토록 함으로써 기업의 편의를 제공하는 프로그램 유형이다. 시설의 종류 및 쓰임새에 따라 주말농장 분양, 단체 연수 및 워크숍 장소 제공, 휴양공간 활용 등 세부프로그램으로 구분한다.

4) 농어촌체험활동

(1) 체험마을의 유형

체험마을의 유형은 마을의 자원현황 및 입지적 특성에 따라 크게 ① 도시근교형, ② 농·어촌형, ③ 산촌형 세 가지 유형으로 분류할 수 있다.

〈표〉 농어촌체험활동의 유형

구 분	특 징	대표마을
도시근교형	대도시 인근에 위치하여 접근성이 좋은 마을	· 양평 신론리마을, 골용진마을 · 이천 부래미마을, 자체방아마을 · 여주 주록리 마을 · 파주 자장리마을, 음성 방축리
농·어촌형	체험마을 형태 중 가장 많은 유형	
	주로 농업을 주산업으로 하고 있는 마을	· 원주 용소막마을 · 단양 한드미 마을 · 화천 토고미 마을
	바닷가 인근에 위치 농촌형과 유사하나 어업도 동시에 행해지는 마을	· 고창 하전마을 · 태안 볏가리 마을
산촌형	산속에 위치하여 접근성이 상대적으로 떨어지나 양호한 자연여건을 보유한 마을	· 화천 동촌리 · 인제 월학리 · 평창 차항리

또 개발방향별 유형에 따라 크게 ① 농어촌체험형, ② 농수산물판매형, ③ 휴양형으로 구분될 수 있다. 그러나 실제로 대부분 마을에서 하나의 유형이 단독적으로 나타나는 경우는 거의 없으며, 대부분 복합적으로 나타나는 경향이 있다.

① 농어촌체험형

체험프로그램을 차별화·상품화함으로써 운영수익을 추구하는 형태로 교육·학습의 목적으로 한 학생 단체 방문객을 주요 목표시장으로 한다. 주로 도시근교형에서 많이 나타나는 유형이나 농·어촌형 및 산촌형에서도 도입이 가능하다.

② 농수산물판매형

농산물직거래를 궁극적으로 하여 각종 체험프로그램을 운영하는 형태로 농산물 판매수익 증대를 추구하는 도농교류의 가장 기본적인 형태이다. 주로 경작지가 넓고 농산물생산량이 상대적으로 많은 농·어촌형에서 유리하다.

③ 휴양형

자연여건이 우수하고 쾌적한 지역에 숙박시설을 비롯한 휴양시설을 제공하는 형태로 주로 도시근교보다는 도시와 떨어진 지역이 유리하며 소규모 가족단위의 방문객이 주요 목표시장이다.

(2) 농어촌체험활동의 분류

농어촌체험활동의 분류에 대해서는 학자마다 견해가 다양하다. 이를 종합하면, 다음 <표>와 같이 정리된다.

〈표〉 농어촌체험활동의 분류

대분류	중분류	소분류
볼거리	전원감상	들길을 걷고 전원의 풍경감상 등
놀 거리	자연탐방	오리엔티어링, 자연을 찾아 나섬 등
	자연채취	산나물 뜯기, 표본 채집 등
	영농체험	모내기, 파종하기, 가지치기 등
	수확체험	감자·고구마 캐기, 과일 따기 등
	친수체험	낚시, 나룻배 타기, 래프팅 등
	민속놀이체험	널뛰기, 윷놀이, 쥐불놀이 등
	모험·레포츠체험	트래킹, 하이킹, 야영 등
먹을거리	보양체험	보양식 먹기, 향토음식 먹기 등
쉴 거리	휴식	삼림욕, 좌담, 정자에 앉아 쉬기 등
들을 거리	자연소리체험	원의 새·물·바람 소리 등 듣기
만들 거리	제작체험	도자기 빗기, 흙·목·짚공예, 한지 뜨기, 천연염색, 황토염색 등
알 거리	자연학습	관찰학습, 야외교실 및 자연학습시설 방문 등
	역사체험	역사·문화유적 답사 등
살 거리	특·토산품 구입	각종 보양·건강식 구입 등
웰빙 거리	건강증진	찜질방, 온돌, 쑥탕·들국화탕 등 목욕
	치료	민간요법, 향기요법, 기공체조, 황톳길 걷기, 요가 등
	미용	다이어트, 족탕, 마사지, 건강 세안법 등

5) 농어촌체험의 의미, 가치 및 효과

(1) 농어촌체험의 의미, 가치

누구나 어린 시절 그리운 고향의 추억이 있을 것이다. 하지만 돌아
갈 수 없기에 소중한 추억을 가슴속에 묻어 두고 살아가는 모습이 현
대인의 모습이다. 소중한 추억을 영원히 간직할 수 있도록 전통시대
의 소중한 가치를 재생시키면서 미래 지향적인 농어촌 공간 창조를
통해 생각을 실천으로 옮긴 것이 농어촌체험이다. 이런 농어촌체험은
대내외적으로 어려움을 겪고 있는 우리 농어촌 소득 저하와 각박한

도시생활의 문제를 동시에 풀 수 있는 새로운 대안으로 주목받고 있다. 또한 주 5일제 근무와 국민연금시대의 도래 등 본격적인 여가시대에 접어듦에 따라 농어촌이 새로운 관광 목적지로 부상하고 있다. 농어촌의 다양한 자원을 접목한 농어촌체험활동은 새로운 가능성을 제시한다는 데 그 의미를 부여할 수 있다. 농어촌체험은 농어촌의 가치를 되새기는 데 있다. 도시민의 삶의 질 향상과 농가소득 증대를 위해 제정된 「도농교류촉진법」이 시행된 후 농어촌체험활성화가 점점 더욱 탄력을 받고 있다. 도시화가 진전될수록 농어촌다움이 점점 빛나고 있는 것이다. 올 여름만 해도 도시민의 농어촌휴가가 부쩍 늘었다. 농어촌마을이 휴가지로 정착화돼 가고 있는 사회적 흐름도 형성되고 있다. 농어촌이 선사하는 쾌적함, 즉 어메니티 자원이 비로소 값진 것으로 대접받고 있는 모습이다. 각박한 도시나 외국에서의 휴가보다는 농어촌에서 편안하게 쉬어 보자는 생각이 일반화되고 있다. 또 농어촌은 자연학습과 더불어 농수산물의 생육과정과 우리의 전통문화에 대해 배우는 산 교실로 자리를 잡아 가고 있다. 더욱이 가족단위로 이루어지는 농어촌체험은 부모가 자녀들에 대해 교사 역할을 할 수 있어서 더욱 가치가 있다. 조기학습과 과외 등으로 경쟁에 내몰린 도시 어린이들의 메말라 가는 정서를 농어촌체험을 통해 다시 되살릴 수 있는 것도 큰 이점이다.

(2) 농어촌체험의 직간접 효과

하나, 도농교류 활성화로 농촌개발 유도: 어메니티, 도농교류가 구축되어 농업인과 도시민이 공존하는 활력공간으로 조성(농촌인구 20% 수준 유지. 어메니티 관련시범사업기반 조성 및 도시자본 유치

활성화 기대)

둘, 농촌 지역 어메니티산업 창출로 농촌경제 활성화: 농촌의 다양성을 보전하면서 경쟁력 있는 지역개발계획 수립. 어메니티 관련 상품의 다양화로 농촌소득 증대

셋, 농촌의 어메니티 가치 증진 및 도농균형 발전 유도: 농촌 지역 생태계 보전 및 생물다양성 증진. 국민의 휴양, 도농교류 공간으로 농촌의 가치 증진. 지역특성에 맞는 맞춤형 농촌개발 추진으로 난개발 방지. 주민참여 상향식 발전모형 개발로 내생적 지역개발 활성화

6) 농어촌의 자원

농어촌자원에 대한 분류는 다양하다. 일반적으로, 문화자원·사회자원으로 분류하고, 이를 다시 환경자원·생태자원·역사자원·경관자원·시설자원·경제활동자원·공동체 활동자원으로 분류하고 있다.

〈표〉 어메니티 자원의 분류

대분류	중분류	농촌어메니티 자원
자연적 자원	환경자원	1. 대기질(깨끗한 공기), 2. 수질(맑은 물), 3. 소음이 없는 환경
	자연자원	4. 비옥한 토양, 5. 미기후(雪, 안개 등), 6. 지형(특이지형, 등산로 등), 7. 동물(천연기념물, 보호 및 희귀동물 등), 8. 水資源(하천, 저수지, 지하수 등), 9. 식생(보호수, 노거수, 마을 숲, 보호수림 등), 10. 습지 혹은 생물서식지(biotope)
문화적 자원	역사자원	11. 문화재, 사적 등 지정 전통건조물, 12. 비지정 전통건조물(정자, 사당, 제각, 향교 등), 13. 신앙공간(성황당, 돌무덤, 당나무 등), 14. 전통주택(기와, 너와, 돌기와, 초가 등), 15. 전통적인 마을안길(돌담, 흙담 등), 16. 마을 상징물(마을안내석, 솟대, 장승 등), 17. 유명 인물(역사적 인물, 始祖 등), 18. 풍수지리나 전설(마을유래, 설화 등)
	경관자원	19. 농업경관(다락논, 마을평야, 밭, 과수원 등), 20. 하천경관(갈대, 하천의 흐름, 하천변수림 등), 21. 산림경관(산세, 배후 구릉지 등), 22. 주거지경관(건축미, 주거지 스카이라인 등)

사회적 자원	시설자원	23. 공동생활시설(마을회관, 노인정, 마을마당, 어린이놀이터 등), 24. 기반시설(방범등, 상수도, 하수도, 공동주차장 등), 25. 공공편익시설(구판장, 슈퍼, 보건소, 학교 등), 26. 환경관리시설(오폐수정화시설, 소각장, 공동퇴비장 등), 27. 정보기반시설(인터넷, 컴퓨터네트워크, 마을홈페이지 등), 28. 농업시설(공동창고, 공동작업장, 집하장, 관정, 농로, 농배수로 등)
	경제활동 자원	29. 도농교류활동(관광농원, 휴양단지, 민박 등), 30. 특산물생산(유기작물, 수공예품, 도자기 등), 31. 특용작물생산(특용작물, 임업작물 등)
	공동체 활동자원	32. 생활공동체활동(관혼상제부조, 경로잔치, 친목계 등), 33. 농업공동체활동(품앗이, 작목반, 판매·유통조직 등), 34. 씨족행사(성묘, 제사 등), 35. 마을문화활동(공연, 축제, 전시회 등), 36. 마을놀이(명절놀이, 생산놀이, 주민단체관광 등), 37. 마을관리 및 홍보활동(마을정비, 마을청소, 쓰레기 분리수거, 마을홍보·안내활동)

7) 농어촌어메니티 자원을 활용한 농어촌체험프로그램 운영의 적용

농어촌체험프로그램과 통합적으로 연계하여 농어촌어메니티 자원 활용을 극대화하는 방안 등을 모색하고 있다.

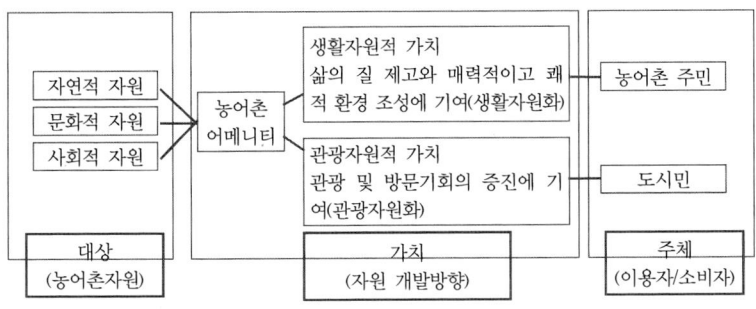

〈그림〉 농어촌어메니티자원의 활용가치

세부 체험프로그램별 매뉴얼은 모든 마을에서 획일적으로 활용하는 것이 아니라, 마을의 입지유형 및 개발방향에 따라 선택적으로 도입하는 것이 바람직하다. 체험프로그램 운영은 도시근교형 마을과 농촌체험형 마을에서, 농산물직거래 판매는 농·어촌형과 농산물판매형 마을에서, 마을체험시설의 제공은 산촌형과 휴양형 마을에서 적극적으로 도입하였다. 각 마을의 입지유형 및 개발유형별로 해당되는 세부 체험프로그램의 연계는 아래 그림과 같이 적용하도록 한다.

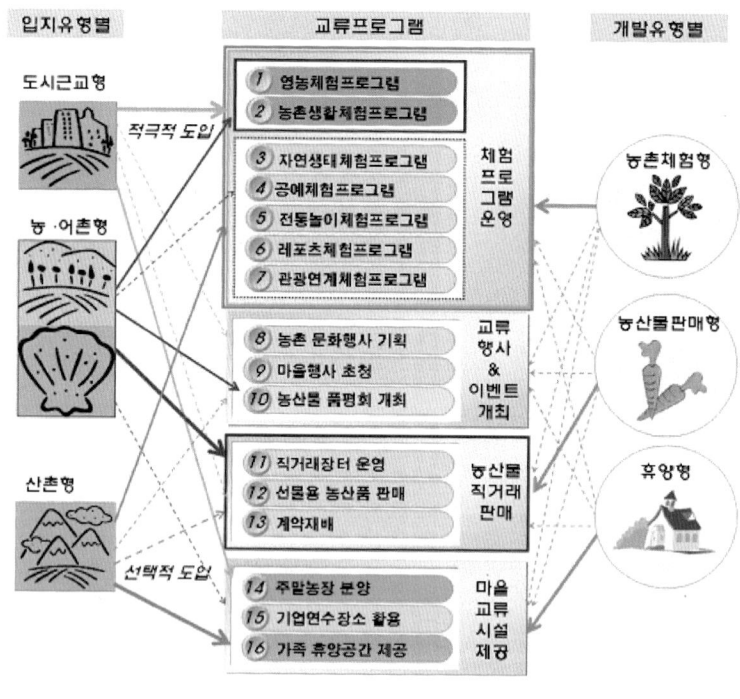

〈그림〉 입지유형별 체험프로그램

(1) 체험프로그램 4가지 적용전략

하나, 체험프로그램을 단계적으로 도입한다.

초기에 체험프로그램을 도입할 때에는 마을여건 및 특성에 맞는 체험프로그램을 순차적으로 도입하여야 한다. 예를 들어 비교적 특성화되고, 품질이 우수한 농특산물을 보유하고 있는 마을의 경우는 농산물직거래 프로그램을 우선적으로 도입하고, 마을실정에 따라 추가적으로 체험프로그램 운영 등 다른 유형의 체험프로그램을 중복적으로 도입하는 것이다.

둘, 영농체험프로그램은 체험프로그램의 기본이 된다.

농어촌마을의 자원은 농사짓는 것 그 자체에 있으며, 농어촌에서의 체험프로그램이 농사짓는 체험 그 자체를 능가하는 것은 없다. 영농체험프로그램을 제외한 다른 체험들은 농사체험을 보완하기 위한 것으로 봐도 무방하다. 따라서 어떤 유형의 마을이든지 체험프로그램을 도입하고자 하는 마을의 경우에는 영농체험프로그램을 우선적으로 도입하는 것이 바람직하다.

셋, 하나의 소재로 연속적인 체험을 유도한다.

체험프로그램 도입 시 체험시기별 연속적인 운영을 통해 지속적 방문을 유도할 수 있는 프로그램을 기획하는 것이 좋다. 연중 작부체계를 활용한 영농체험프로그램이 대부분이다. 예를 들어 벼를 활용한 체험으로 볍씨뿌리기 행사를 시작으로 모내기 → 오리입식행사 → 메뚜기 잡기 → 허수아비 만들기 → 벼 베기 → 새끼 꼬기 행사를 연중 개최하도록 하는 것이다. 또한 고구마의 경우에는 고구마를 식별하기 → 싹을 관찰하고 심을 부문 자르기 → 심기 → 거름 주기 → 비닐 씌우기 → 풀 뽑기 → 줄기 타기 → 캐기 등 봄에 심어 가을 재배 시까지 고구마에 관한 모든 체험의 운영이 가능할 것이다.

넷, 다양한 유형의 체험프로그램을 입체적으로 구성한다. 체험프로그램 기획 시에는 7가지 세부유형의 체험프로그램을 적절하게 연계함으로써 새로운 부가가치를 창출할 수 있다. 이를 통해 방문객에게

보다 다양한 체험프로그램을 제공할 수 있으며, 각 체험별 연관성을 높여 줌으로써 체험의 재미를 더해 줄 수 있다. 가장 대표적이고 손쉬운 형태는 영농체험프로그램과 농어촌생활프로그램을 연계하는 방법이다. 농산물의 채취·수확 후에 이를 활용한 음식·요리·가공 체험과 연계하는 것으로 포도 수확 후에 포도주·포도쨈 등을 만들거나 감자·옥수수의 수확 후 가마솥을 활용하여 쪄 먹는 체험을 연계하는 것이 이에 해당된다.

(2) 농어촌자원을 활용한 체험프로그램 사진들

경기 여주군 해바라기 마을

충남 서천군 화산 마을

경기 가평군 아홉마지기 마을

[정리]

1) 농어촌체험이란

농어촌에서의 행복은 누구를 막론하고, 그것도 아무 때나 느낄 수 있는 것이고, 그것을 느끼는 횟수에도 제한이 가해지지 않는다. 도시처럼 빨간 신호등도 찾아보기 힘들다. 그럼에도 불구하고 행복을 느끼지 못하는 것은 스스로가 행복의 커트라인을 정해 놓고 살아가기 때문이다. 불행에 젖어 사는 사람들은 명백한 행복의 커트라인을 정해 놓고 있다. 대도시에 내 집을 장만해야만, 멋진 자가용을 사야만, 자식이 일류 대학에 진학해야만 하는 등 사회적인 조건들, 그렇지 않으면 불행하다고 스스로가 인정해 버린다. 그러니 어떻게 행복이 찾아들 수 있겠는가. 진정으로 행복을 느끼고 싶다면 어떠한 수준에 도달해야만 행복해질 수 있다는 행복의 커트라인을 정해 놓지 말아야 한다. 이미 정해져 있다면 철회시켜야 한다. 행복의 커트라인을 정해 놓는 것은 행복을 불러들이는 것이 아니라 내쫓는 것이 된다. 행복의 커트라인이 정해지는 순간 그 수준에 도달하지 못하는 행복은 느껴

보기도 전에 달아나 버리고 만다. 마음먹기에 달렸지만, 이처럼 행복의 커트라인을 정해 놓지 않고도 행복을 불러들일 수 있는 방법이 바로 농어촌을 체험하는 것이다.

2) 어메니티 자원이란

어메니티는 "농어촌지역 특유의 녹이 풍부한 자연, 역사, 풍토 등을 기반으로 하여 여유, 정감, 평온이 가득하고 사람과 사람의 접촉에 바탕을 둔 정주 쾌적성을 갖는 상황"으로 정의할 수 있다. 농어촌어메니티 자원은 "농어촌에 존재하는 특정적인 환경과 공동체적 요소를 총칭하는 것으로서 농어촌 지역의 정체성을 반영하고 있는 요소이면서도 각 구성원에게 휴양적·심미적 더 나아가 경제적 가치를 제공하는 중요한 자원 또는 야생, 경작과 관련된 경관, 역사적 기념물, 문화적 전통 등을 포함하는 농어촌지역의 자연적이거나 인공적인 모든 것으로 사회적, 경제적 가치를 지니고 있으며 이들 가치로부터 개인, 지역사회, 그리고 사회전체가 효용을 창출하여 농어촌지역사회 발전에 중요한 자원"으로 정의할 수 있다.

Q & A

Q. 왜 농어촌체험인가요?

A. 소득의 향상과 여가시간 증대 등으로 많은 사람들이 짧은 기간이라도 자연 속에서 함께 숨 쉬며 휴식하고 싶어 한다. 과거에는 명승지나 해수욕장 등 특정한 장소를 찾아 그냥 구경하는 관광여행이 주류였다. 요즘에는 피로도 풀 겸 자녀들과 함께 농사체험 등 자연학습을 많이 활용한다. 시골에서 자란 사람들은 어린 시절 여름밤 쏟아지는 별빛 아래 모깃불 피어 놓고 멍석 위에서 도란도란 이야기 나누는 등의 추억을 가지고 있을 것이다. 지금도 시골에 가면 감자나 채소 등 온갖 농작물을 뙤약볕 아래서 직접 캐고 따고 뜯으면서 즐거운 추억을 만들 수 있다. 소나무 한 그루가 온실가스의 주범인 이산화탄소를 연간 5kg 흡수한다고 한다. 자연 속에서 풀 한 포기, 나무 한 그루가 왜 소중한지를 스스로 느껴 보아야 일회용 컵을 사용하더라도 왜 아껴야 하는지 깨달을 수 있을 것이다. 최근 통계에 의하면, 농촌체험인구는 2001년 3,000만 명에 불과하던 것이 오는 2011년이면 1억 5,000만 명까지 늘어나고 시장규모도 최고 9조 원대로 성장할 것이라고 전망하고 있다.

Q. 마을의 역사적 자원을 어떻게 체험프로그램과 연계하여 활용할 수 있나요?

A. 농어촌마을의 역사적 자원을 체험프로그램과 연계하여 신동력원을 창출해 내는 사례가 부쩍 늘고 있다. 그 이유는 우선, 우리 농어

촌마을의 역사적 자연조건이 면적에 비해 다양한 자원을 갖고 있기 때문이다. 예컨대 예부터 우리 농어촌은 산과 바다와 평야가 어우러져 한국 특유의 맛 좋고 몸에 좋은 식품생산과 어메니티자원 발굴의 잠재력이 막강한 곳이다. 당장 한국 대표 농산품으로 간추릴 수 있는 전략품목만도 수십여 종이 된다. 이들이 대부분 친환경적인 건강자연식품으로서 다른 나라에 비해 품질과 효능이 뛰어나고 우리 농어촌만이 자랑할 수 있는 고유토산품 성격의 농어촌자원이다. 경제조건은 우리나라의 경제여건이 생태관광지를 조성하고 운영에 소요되는 재정적 뒷받침이 가능한 수준까지 도달해 있고, 사회조건은 체험관광에 대한 관심과 이해가 어느 수준까지는 이루어졌다고 판단된다. 또 농어촌마을도 주민 스스로 농촌자원을 경제자원으로 바라보는 눈을 가졌다는 데 있다. 요즘 녹차마을, 양떼마을, 도토리마을, 철새마을, 별마을 등 볼거리, 놀 거리, 먹을거리, 할 거리 등 체험을 결합한 농어촌마을이 인기다. 이처럼 마을의 전통적 자원을 기초로 소중한 역사·문화·생태자원을 가꾸어 나간다면 농어촌이 살기 좋은 마을'로 변하게 될 것이다.

사례: 체험프로그램 우수 사례 2가지

사례 1. 한마음으로 미래를 꿈꾸는 마을—능길마을(전북 진안군)

2004년도 '농촌마을가꾸기' 대상 수상, 자연생태 우수마을 지정, 대체에너지 시범마을 지정, 2005년도 농림부 '우리농업 희망찾기' 현장 정책 우수상 수상, 정보화마을 지정, 2009년 사회적 기업 선정 등, 능길마을의 기록들은 화려하다. 마을을 찾기 전, 외부에 알려진 능길마을의 이야기들은 과거 새마을운동의 성공 사례처럼, 방문객들에게 현대화의 모습으로 가득 찬 마을의 모습을 기대하기 쉽게 만든다. 하지만 처음 찾는 사람들에게 보이는 폐교를 이용한 능길산골학교와 마을회관의 단정하고 소박함 외에는 너무도 평범한, 작고 조용한 마을의 모습에 의아스럽기까지 하다. 능길마을 사람들이 생각하는 농촌의 발전과 미래는 '도시화'나 '현대화'의 모습이 아니다. 오히려 기존의 마을 생태와 환경을 잘 보존하고 관리하며 능길마을의 농업 생산물도 무농약과 유기농 경작으로 재배하여 품질에서 경쟁력을 갖는 것을 목표로 한다. 마을에서 생산된 질 좋은 농산물들은 도시의 기업 등 단체들과 적극적인 결연행사 등의 교류를 통하여 직접적인 홍보를 한다. 전국 어느 곳에서라도 마을과 소비자 간의 직거래를 가능하게 만드는 방식을 도입한 것이다. 이러한 능길마을의 체계화된 방식은 농산물의 생산이라는 1차 산업, 단순 가공의 2차 산업과 더불어 농촌마을의 방문과 체험관광으로 이어지는 농촌 서비스의 제공이라는 3차 산업의 구조까지 더해져 마을의 모습을 탈바꿈시켜 놓았다. 방문객들에게 식사, 숙소 등을 제공하고 그들의 요구사항에 맞는 서비스를 준비한다는 단순하고 수동적인 일반 관광지역과 다를 바 없는 기존 농촌체험마을의 운영을 능길마을은 과감히 탈피하였다. 농촌마을체험을 통하여 방문객들이 새로운 삶의 공간으로 농촌을 선택할 수 있도록 유도할 수 있는 표본지역의 역할을 하는 것이 능길마을의 장기적인 목표이다. 이러한 마을의 중·장기 계획을 체계적으로 추진하기 위하여 능길마을은 각 분야별 전문가 50여 명으로 구성된 자문위원단을 선정하고 그들의 전문지식을 통한 마을가꾸기에 노력하고 있다. 마을 구성원들의 실질적인 소득 증대를 위한 마을 운영도 선진적이다. 오리 입식 농사 체험행사, 하천 가꾸기 체험행사, 주말농장 운영 등 활발하고 연속성을 가진 도농교류 활동의 진행, 마을 내 공장에서 생산되는 인진쑥엑기스, 한방 배즙, 호박 배즙 등 특화된 고부가가치의 농산물 가공품 개발 등을 통하여 주민들의 실질적 소득 증대를 창출하고 있다.

사례 2. 오늘은 농부, 내일은 어부 – 볏가리마을(충남 태안군)

삼면이 바다로 둘러싸인 서해안 끝 지역 태안반도에서도 아주 깊은 곳에 작은 농어촌마을이 있다. 60세대, 119명으로 한 집에 두어 명 살고 있는 작은 농촌마을이다. 마을주민들은 농부이면서 바다에서 일하는 어부이다. 봄부터 가을까지 논에서, 밭에서 일하다가도 겨울에는 바다의 밭–갯벌에서 일을 한다. 그렇기에 마을체험 역시 하루는 농부로, 하루는 어부로 체험이 가능한 곳이 볏가리마을이다. 볏가리마을에서의 체험은 주민들 삶의 모습을 그대로 따른다. 농사도 짓고, 바다 일도 하는 그들의 삶을 짧게나마 체험해 보는 것이다. 논으로 나가 오리도 놓아 주고, 미꾸라지도 잡고, 밭에서는 바닷바람 맞고 자란 육쪽 마늘도 뽑아 보고, 바다에서는 굴 밭에서 굴을 캐서 까 보기도 하고 갯벌 생태계 관찰도 한다. 볏가리마을은 이렇듯 체험활동을 위한 좋은 자연환경을 가지고 있다. 논과 밭 그리고 바다가 어우러지는 마을 환경은 농업체험과 어업체험을 동시에 가능하게 한다. 이것은 볏가리마을의 가장 큰 매력이다. 물론, 체험 환경이 좋다고 다 잘되는 일이 아니겠지요? 마을주민들이 합심해 체험을 만들고 운영하며 함께 축제를 벌일 수 있는 단합된 모습이 더 중요한 모습일 것이다. 70% 이상의 마을주민들이 70세 전후의 고령이지만 마을을 찾는 체험객을 위해 늘 노력하고 준비하는 그런 마음가짐이 볏가리마을을 해마다 만 명 이상의 체험객이 방문하는 전국에서도 가장 유명한 체험마을 중 하나로 만들지 않았을까 생각한다. 볏가리마을은 농촌체험과 어촌체험이 어우러져 그 테마가 다양하다. 하지만 오다가다 잠시들러 체험할 수 있는 마을은 아니다. 태안반도의 끝자락 깊숙이 자리잡고 있기 때문에 마음먹고 찾아가지 않는 이상 쉽게 접근할 수 있는 위치가 아니기 때문이다. 하지만 찾아가는 길이 힘들고 지루해도 볏가리마을에서 체험을 하고 돌아가는 길은 즐겁고 아쉬움이 남는, 다시 오고 싶은 그런 길이 될 것이다. 또한, 마을에서 정성껏 준비한 체험이기에 충분한 시간을 가지고 제대로 체험하는 것이 마을주민들과 깊은 교감을 나누는 체험 본래의 목적을 이루는 길이다.

농촌체험관광이란

1. 체험관광의 개념

체험이라는 활동의 범위를 명확하게 규정하지 못한 상태에서 개념적 혼동을 유발할 수 있는 용어가 '체험관광'과 '관광체험'이다. 이와 관련하여 학술적으로 명확한 개념 정립이 이루어진 것은 아니지만, 최근 여행상품에서 통용되고 있는 체험관광의 정의는 일련의 관광경험단계 중 현지경험(on-site experience) 단계에서 보다 활동적인 유형의 관광을 의미하고 있다(이광희·김영준, 1999). 즉 관광객이 관광지 등에서 체험하는 프로그램이 제공되고 있는 관광이 '체험관광'이라고 일컬어지고 있다.

하지만 보다 폭넓은 견지에서 보면 관광은 인간의 지적·심리적·사회적인 욕구를 다양하게 충족시키며, 직접적인 관광체험을 통해 문화수준을 높이고 지식과 경험의 폭을 넓힘으로써 삶의 질적 향상을 도모하는 활동(박석희, 2001)이며, 또한 자기의 자유 시간 가운데에서 생활의 변화를 추구하는 인간의 기본적 욕구를 충족시키기 위한 행위 중 일상생활로부터 떠나 다른 자연, 문화 등의 환경하에서 행하려고 하는 일련의 행동이라고 할 수 있다. 그렇다면 인간이 행하는 관광활동 자체가 하나의 체험이 될 수 있으며 넓은 의미에서 모든 관광은 체험관광이라고도 할 수 있을 것이다(이효선, 2006).

체험관광은 그 개념 정립이 명확하지 않으므로 그 개념 파악을 위해 현재 통용되는 유사 개념을 살펴볼 필요가 있다. 이러한 유사개념으로 대안관광(alternative tourism), 문화관광(cultural tourism), 특별관심분야관광(special interest tourism) 등이 있다.

이러한 세 가지 유사개념의 공통점은 주로 색다르고 특정한 관심분야를 관광하려는 동기를 가지며, 지역사회나 문화와의 접촉을 중요시 여기고, 주로 교육적인 요소가 포함된 관광활동을 통하여 진지한 형태의 관광을 추구한다는 점이다. 이런 점에서 단순히 '보는' 것이 아닌 '체험'하고 '이해'하는 관광행태의 특성을 지니고 있어서 체험관광과 유사한 개념이라 할 수 있다. 그래서 체험관광은 독특한 체험을 추구하기 위하여 특정 관광대상에 대한 보다 직접적이고 강도 높은 관광경험을 의미한다. 이러한 체험관광의 개념 설정은 체험 강도에 대한 실증적 개념의 제시가 없다는 한계를 지니고 있다. 이경희(2006)는 체험관광을 "독특한 체험을 추구하기 위하여 특정 관광대상에 대한 보다 직접적이고 강도 높은 관광경험"으로 정의하고 있다. 체험관광은 일상적인 활동의 범주가 아닌 이문화적 요소에 대한 접촉이며, 단순히 보고 이해하는 것과는 달리 관광대상지에서의 다양하고 직접적인 접촉을 통하여 이해의 폭을 확장하는 활동을 의미한다고 했다. 예를 들어, 다도(茶道)관광의 경우, 단순히 차 재배지를 둘러보고, 시음을 해 보는 수준의 활동은 체험관광이라고 볼 수 없으며, 교육성·활동성이 포함되어 차 재배과정에 참여하고, 차 문화에 대한 교육과 다도실습을 해 보는 활동이 포함될 때 체험관광의 범주에 포함될 수 있다고 하겠다. 이선희(2000)는 체험관광을 "관광객이 목적지나 경유지에서 단순히 구경하는 것만이 아니고 스스로 행동하여 무언가를 체험하는 관광을 의미한다"고 했다.

이광희·김영준(1999)은 체험관광은 관람형 관광과의 차별화되는 것으로 다음과 같이 말하고 있다. 첫째, 체험관광은 서로 다른 문화적 요소 혹은 기억에 남을 만한 형상에 대한 강도 높은 체험활동이 이루어진다. 둘째, 체험관광은 지역 사회나 자연환경과의 직접적인 접촉을 통하여 이해의 폭을 넓힐 수 있는 활동이 이루어진다. 체험관광은 소정의 시간을 필요로 한다. 따라서 일관성 주유관광보다는 지역사회의 사람, 환경, 문화에 밀착된 지역 연고형 관광이다. 셋째, 체험관광은 보다 적극적이고 창조적인 참여 활동을 통하여 지적 욕구를 충족시킨다. 즉 체험관광이란 독특한 체험을 추구하기 위하여 특정 관광에 대한 직접적이고도 강도 높은 관광경험이 있는 관광이다.

2. 체험관광의 요인

체험관광은 관광하는 방법에 주목하고 있다. 따라서 일상생활에서 체험할 수 없는 것을 관광하면서 체험하기를 바라는 사람들에게 체험관광은 충분히 매력적인 것이다. 왜 사람들이 체험관광에 빠져들고 사람들의 마음에 쏙 드는 관광이 되어 있는지를 알아보려면 체험관광에 대한 지적인 작업, 즉 인식론적인 접근이 필요하다. 그렇게 하자면 관광연구도 사람들의 의식에 관여하는 인식과정에 주목해야 하는 것이다. 의식의 흐름인 체험은 지향하는 세계가 있다. 관광이 지향하고자 하는 것을 관광하면서 체험하고자 하는 세계에 대한 이해가 필요하다. 관광객의 체험관광요인을 분류해 보면 아래 <표>와 같다.

〈표〉 관광객의 체험관광 요인

체험요인	체험내용
일탈감	반복되는 일상생활로부터 탈출하여 느낄 수 있는 새로운 체험
지적 체험	인간의 기본욕구 중 하나인 지적 욕구를 충족시키기 위한 교육적 학습체험
대인교류감	활동 중 주변의 다른 참여자들과의 직간접적인 관계를 통해 이루어지는 사회적 체험
자연친화감	천연자연환경을 체험함으로써 자연의 일부분으로 동화(同化) 또는 친화하는 체험
모험감	위험을 수반하지만 모험에 쾌감을 느끼는 신체적 활동 등에 도전하는 체험
신기·이색체험	일반상식에서 벗어나거나 기이한 현상 혹은 이(異)문화적 요소에 대한 특별한 체험
창의적 체험	예술·문화 등에 대한 창조적인 활동 참여, 작품 활동 등의 체험

자료원: 기존연구 자료를 중심으로 연구자 재정리

Pine and Gilmore(1998)는 체험을 2차원의 분류기준인 몰입과 참여의 정도에 따라 오락적 체험, 교육적 체험, 적극적 체험, 심미적 체험 등 4개 영역으로 나누었고, 결국 체험을 사업으로 구상하는 경우 가장 중요한 문제는 '독특한 체험을 어떻게 창출할 것인가?'이며, 체험은 상품이나 서비스와 마찬가지로 소비자의 욕구를 충족할 수 있어야 하며, 이에 더해 소비자에게 성취감을 가져다주어야 한다고 주장하였다(손선미, 2005).

손선미·노경호(2002)는 문화관광을 선택할 때 체험하고자 하는 선택요인은 무엇이며, 이러한 선택요인은 방문객 특성에 따라 어떠한 차이가 있는가를 검증하는 연구에서 직접 참여활동, 정서적 만족, 지식습득, 타인과의 관계, 경관감상 등으로 체험요인을 구분하였다. 후속연구로 손선미(2002)는 문화관광에 Schmitt(1999)의 체험마케팅이론을 도입하여 실험한 연구에서 문화관광의 체험요인에서도 Schmitt의 이론이 적용됨을 주장하였고, 체험을 인지적 체험, 행동적 체험, 관계적 체험, 감각적 체험, 감성적 체험 등으로 구분하였다.

〈표〉 연구자별 체험지향성 요인분류

연구자	연도	체험요인
Beard and Ragheb	1980	심리적 체험, 사회적 체험, 교육적 체험, 신체적 체험, 심미적 체험
성영신 외	1996	활동 지향적 체험, 사회 지향적 체험, 환경 지향적 체험
Gilmore 외	1999	심미적 체험, 오락적 체험, 적극적 체험, 교육적 체험
Schmitt	2002	감각(Sense), 감성(Feel), 인지(Think), 행동(Act), 관계(Relate)
손선미	2002	인지적 체험, 행동적 체험, 관계적 체험, 감각적 체험, 감성적 체험
박수정	2003	신체적 체험, 정서적 체험, 사회적 체험, 인지적 체험

자료원: 선행연구를 토대로 연구자가 재정리

3. 농촌체험관광의 의의 및 특성

농촌을 대상으로 한 관광에 대한 용어는 그린투어리즘(green tourism), 농촌관광(rural tourism), 농장관광(farm tourism) 등으로 매우 다양하게 사용되고 있다. 이들 용어는 농촌 지역을 기반으로 하여 이루어지고 있는 관광이라는 것에 공통점을 보이나 용어의 출현과 관련된 작은 차이들이 존재하고 있다.

농촌관광의 개념은 다양하게 정의되고 있다. 초반기에는 농촌 지역을 대상으로 하는 관광활동이라는 정의에서 시작되어 최근 들어서는 농촌 지역의 역사, 문화, 관습을 포괄하는 개념적 정의로 확장되고 있는 추세이다. 농촌관광에 대한 다양한 정의를 살펴보면 OECD(1994)는 농촌관광을 농촌에서 발생하는 관광이라고 정의하면서, 농촌성 (rurality)이 농촌관광의 핵심적인 부분이라고 하였다. Barm-well and Lane(1994)은 농촌관광의 단순한 농촌활동체험(farm-based tourism)이라기보다는 다면적인 체험 중시 활동이라고 정의하고, 다양한 활동이 포함됨을 강조하였다. 이경진(1996)은 농가민박, 임대농장, 농촌체험시설 등을 이용하여 농촌 지역에 체재하면서 농촌의 자연환경, 문화, 전통 등을 즐기는 여가의 한 형태로 봄으로써 농촌관광의 상품 구성적 측면을 강조하였다. 또한 박석희(2001)는 농촌관광은 농촌 지역에서 그곳의 자연경관과 문화경관이 지닌 농촌다움을 핵심편익으로 상품화한 관광이라고 정의하였다. 한편 박호균(2002)은 농촌관광은 농촌 공간에서 농촌 지역사회의 주민들이 농업활동을 기반으로 하여 방문객들에게 사회적 여가행위를 위한 서비스를 제공하게 되는 것으로 보았다. 연구자별 농촌관광에 대한 정의를 보면 아래 <표>와 같다.

〈표〉 농촌관광의 개념 정의

연구자	개념
Keane, Brophy and Cuddy (1992)	농촌 지역에서 이루어지는 모든 형태의 관광임
Barnwell and Lane(1994)	농촌관광은 농촌, 자연, 모험, 스포츠, 건강, 교육, 예술 그리고 문화유산에 대한 관심과 행동을 포함할 수 있다고 정의함
Mcboyle(1996)	녹색관광의 친환경적인 의미를 강조하여 환경 보존적 의미를 가지고 있는 관광상품이나 서비스임
Sharpley and Sharpley(1997)	시골 지역에서 일어나고 있는 관광임을 강조하면서 친환경적인 요소를 많이 가지고 있는 것임
Marson and Cheyne(2000)	공간적 혹은 기능적으로 농촌을 목적지로 하여 기존의 관광지에서 벗어나 농촌의 문화나 자연환경, 역사 등을 대상으로 하는 관광 형태임

김양자(2000)	농촌이라는 제한적 공간과 체험의 관광형태가 결합된 관광 유형임
박석희(2001)	농촌의 자연경관과 문화경관이 지닌 농촌다움을 핵심편익으로 상품화한 것임
강신겸(2002)	도시민들이 농촌다움이 보존된 농촌에 머물면서 그곳의 생활을 체험하고 여가를 즐기는 것임
박호균(2002)	농촌관광은 농촌 공간에서 농촌 지역의 주민들이 농업활동을 기반으로 방문들에게 사회적 여가행위를 위한 서비스를 제공하게 되는 것으로 봄
홍성권·김성일(2002)	농림업에 기반을 둔 농촌문화와 농촌자원(농경지 포함)을 활용한 농촌관광임
농림부(2004)	농촌관광은 농촌의 자연경관과 전통문화, 생활과 산업을 매개로 한 도시민과 농촌주민 간의 체류형 교류활동이며, 도시민에게는 휴식·휴양과 새로운 체험 공간을 제공하고 농촌에는 농산물판매(1차), 가공산업(2차), 숙박 음식물서비스(3차) 등 소득원을 제공하는 지역 활성화 운동임

자료원: 기존 연구 자료 중심으로 연구자가 재정리

농촌관광 개념 정의로는 우리나라 농림부에서는 "농산촌의 깨끗한 자연경관과 지역의 전통문화, 생활과 산업을 매개로 하는 도시민과 농산촌 주민 간의 체류형 교류활동"이라고 정의하고 있다. 또 강신겸(1999)은 "도시민들이 농촌다움이 보존된 농촌에 머물면서 그곳의 생활을 체험하고 여가를 즐기는 것"이라고 정의하는 등 커다란 범주 안에서 보자면 농촌관광(rural tourism), 녹색관광(green tourism)이라는 유사 용어 등이 농촌이라는 지역을 공간적으로 한정함으로 인해 농촌지역에 내재된 다양한 자원, 즉 환경 및 전통·생활양식, 농촌성(amenity), 지역주민 등과 유기적인 결합이 된다는 점에서 통일된 용어인 '농촌체험관광'으로 사용하는 것이 바람직하리라 생각된다. 이를 종합해 보면 농촌체험관광은 농촌 지역의 자연적·사회문화적 관광자원의 중요성을 인식하고, 내재된 자원을 활용하여 관광 매력물로 개발, 관리하여 지속적으로 관광활동이 이루어지도록 하는 체험관광

형태의 하나라고 볼 수 있다. 즉 농촌관광은 농촌 지역에서 농촌만의 자연·문화를 바탕으로 하여, 농촌 지역주민이 공급하는 체험활동이 제공되는 관광활동이라고 정의할 수 있다.

4. 농촌체험관광 활동의 분류

현대인들의 관광형태가 정적에서 동적으로 급변하고 있는 추세에 힘입어 관광이나 여가기업들은 이들 욕구를 충족시켜 주는 대신 경제적 이익을 확보하기 위하여 다양한 관광상품을 개발하는데, 특히 실제로 체험할 수 있는 관광이나 여가 프로그램을 다양하게 개발하여 제공하고 있으며 주로 스포츠 유형, 농산물이나 어촌 등에서 채취나 가꾸기 등의 단순체험형 관광상품 수준에 머물고 있어 보다 매력 있고 유익한 체험관광상품이 각각의 주제하에 개발되어야 한다(원용희, 2002).

고동우(1998)는 관광체험의 소재가 되는 주요 내용을 9가지 차원으로 구분하고 있다.

첫째, 자연환경을 주 소재로 한 체험

둘째, 부대시설인 각종 이용시설이나 편의시설에 대한 체험

셋째, 지역주민과 그들의 생활문화를 중심으로 한 체험

넷째, 관광지 물가에 영향을 받으므로 이에 대한 체험

다섯째, 지역의 전통문화유적에 대한 체험

여섯째, 관광지 전반적 이미지를 대상으로 한 체험

일곱째, 관광객 스스로가 경험하는 체험

여덟째, 관광활동 방법에 의한 체험

아홉째, 관광활동 자체에 대한 체험

농촌체험관광활동의 분류에 대해서 박석희(1997)는 체험이라는 차원에서 농촌활동을 자연체험, 전원체험, 역사·문화체험, 친수체험, 건강·보양체험, 제작체험, 레포츠체험 등 7개 유형으로 다양하게 정리하고 있다.

오순환(2000)은 녹색관광의 체험활동 측면에서 자연체험활동, 전원체험활동, 친수체험활동, 보양체험활동 등 4가지로 분류하였고, 농촌경제연구원(2002)에서는 농촌체험활동을 자연체험, 전원체험, 역사·문화체험, 친수체험, 건강·보양체험, 제작체험, 레포츠 체험 7개 유형으로 나누었다.

그리고 강신겸(2003)은 농촌체험프로그램의 유형 구분을 문화체험, 만들기 체험, 자연체험, 모험체험 4가지 유형으로 나누었고, 농촌자원개발연구소(2003)도 녹색관광체험 개발프로그램을 자연프로그램체험, 전원체험프로그램체험, 역사·문화프로그램체험, 건강프로그램체험 등 4가지 유형으로 분류하였다.

한편 유상오(2002)는 그린 투어리즘의 프로그램은 크게 3가지 종류(숙박, 식사, 농가체험)로 나누어 볼 수 있으나, 이 3가지만으로는 부족하기 때문에 관광에서 느낄 수 있는 거리를 총체적으로 만족시켜주어야 한다고 하였다. 관광에서 줄 수 있는 만족에는 볼거리, 놀 거리, 먹을거리, 쉴 거리, 할 거리, 알 거리, 살 거리 7가지 조건이 충족되어야 한다고 했다. 또 여기에서 할 거리는 취미·예술 등의 창작활

동을 말하고 놀 거리는 오락·축제 등을 통한 즐거움을 만드는 작업
이며, 살 거리는 쇼핑 구매 욕구를 충족시켜 줘야 하고, 알 거리는 지
역 특유의 상징성·전설·설화 등의 차별화된 지식을 말한다고 주장
하였다.

이러한 측면에서 박석희(2002)는 농촌에서의 추구 편익 중 하나인
향수를 대입하여 농촌에 산재한 각종 유무형 관광자원의 현시화를 통
한 농촌관광활동을 분류하였는데, 이는 농산촌의 생활과 전설을 이용
한 볼거리, 전설이나 활동으로서의 놀 거리, 농특산물을 소재로 한 다
양한 먹을거리, 농촌환경에 어울리는 쉴 거리, 도시에서는 듣기 어려운
들을 거리, 자연과 농촌을 배울 수 있는 배울 거리 등으로 나누었다.

이상의 논의를 중심으로 본 연구에서는 이들을 종합하여 아래
<표>에서 보듯이 9가지 할 거리로 대분류하고, 이들을 다시 18개로
중분류하여 그 속에 다양한 활동을 포함할 수 있게 하였다.

〈표〉 농촌체험관광활동의 분류

대분류	중분류	소분류
볼거리	전원감상	들길을 걷고 전원의 풍경 감상 등
놀 거리	자연탐방	오리엔티어링, 자연을 찾아 나섬 등
	자연채취	산나물 뜯기, 표본 채집 등
	영농체험	모내기, 파종하기, 가지 치기 등
	수확체험	감자·고구마 캐기, 과일 따기 등
	친수체험	낚시, 나룻배 타기, 래프팅 등
	민속놀이체험	널뛰기, 윷놀이, 쥐불놀이 등
	모험·레포츠체험	트래킹, 하이킹, 야영 등
먹을거리	보양체험	보양식 먹기, 향토음식 먹기 등

쉴 거리	휴식	삼림욕, 좌담, 정자에 앉아 쉬기 등
들을 거리	자연소리체험	원의 새·물·바람 소리 등 듣기
만들 거리	제작체험	도자기 빗기, 흙·목·짚공예, 한지 뜨기, 천연염색, 황토염색 등
알 거리	자연학습	관찰학습, 야외교실 및 자연학습시설 방문 등
	역사체험	역사·문화유적 답사 등
살 거리	특·토산품 구입	각종 보양·건강식 구입 등
웰빙 거리	건강증진	찜질방, 온돌, 쑥탕·들국화탕 등 목욕
	치료	민간요법, 향기요법, 기공체조, 황톳길 걷기, 요가 등
	미용	다이어트, 족탕, 마사지, 건강 세안법 등

자료원: 선행연구 자료 중심으로 연구자가 재정리

5. 농촌체험관광의 선행연구

조사된 농촌체험관광에 관한 선행연구를 살펴보면 아래 <표>와
같다.

〈표〉 농촌체험관광에 대한 주요 선행연구

연 구 자 (연도)	주요연구 내용과 시사점	
김충호(1999)	연구내용	농산어촌의 체험관광의 효과에 대해서 연구 실시
	성과 및 시사점	참가자들의 체험 시기에 따라 실패와 성공이 있을 수 있고, 새로운 가치 발견, 지역주민과 타 지역 참가자와의 교류에 큰 효과를 얻을 수 있다고 설명
고종화(2002)	연구내용	농촌관광 활성화를 위한 국내외 체험관광개발 사례를 종합 분석
	성과 및 시사점	활성화 방안으로 지역주민의 참여와 이해, 편의시설의 확충, 마을리더의 전문성 확보, 기존정책에서 체험관광마을의 수적 양산에 대해 특색 있는 마을 육성을 위한 집중 투자로의 정책 전환 등을 제시

박병덕 외(2004)	연구내용	농촌관광 잠재고객을 대상으로 시장 표적화에 대한 연구
	성과 및 시사점	체험관광 집단과 단순관광 집단을 분류하는 가장 중요한 변수는 농촌민박 경영주의 관리 능력과 고유음식체험이었으며, 학력과 경제능력이 높음에 따라 단순관광보다 농촌체험관광을 선호하는 것으로 나타남
황창주(2004)	연구내용	도농교류체험에 따른 만족도에 대한 요인 분석
	성과 및 시사점	도농교류 체험학습 실태와 문제점을 도출하여 프로그램 내용 개선과 전문성 강화, 부대조건 개선, 정부지원체계 개선의 발전방안 제시
조재환 외(2003)	연구내용	도시민의 농촌관광 선호에 관한 설문을 통하여 도시민의 농촌관광 잠재 수요의 내용을 파악
	성과 및 시사점	농산품 구입은 조사대상자의 특성에 영향을 받지 않으나, 체험활동참가에 관해서는 영향을 미치는 것으로 나타나 다양한 체험활동 프로그램이 개발되어야 함
이경희(2004)	연구내용	농촌관광 활성화를 위한 현실적인 대안 제시에 대한 연구
	성과 및 시사점	농촌관광의 잠재 수요자에 대한 수요 예측 조사 및 만족요인에 대한 연구필요성 제시
안세길·송광인 (2005)	연구내용	체험관광 활성화를 위한 문화체험관광 코디네이터 육성에 대한 연구
	성과 및 시사점	문화체험관광 중 가장 시급한 문제는 해당 문화와 지역의 특수성과 역사를 이해하는 전문인력의 부족이며, 다양한 체험프로그램의 필요성을 강조

자료원: 선행연구 자료를 중심으로 연구자가 재정리

6. 농촌체험관광마을

1) 농촌마을의 의의

농촌(rural)이란 농업을 생업으로 삼는 주민이 대부분인 마을로서 도시 또는 도회지와 상반되는 개념(동아새국어사전, 1995), 그리고 도시에 반대되는 시골(country)이란 의미와 농토를 끼고 농사를 짓는 사람들이 모여 사는 곳(우리말큰사전, 1995)이란 사전적 의미를 가지고 있다.

마을(village)의 사전적 정의로는 도시가 아닌 고장에서 여러 집이 이웃하여 살아가는 동네 또는 마을, 촌락(村落), 촌리(村里)(동아새국어사전, 1995), 시골 영역에서 거주의 중심을 형성하는 주택과 다른 건물의 집합(웹스터사전)이란 협의의 개념이 일반적이며, 우리나라에서는 벌, 마을, 고을 등의 순수 우리말과 한자로 표기된 읍락, 촌락, 부락, 취락 등이 그 용어로 사용되고 있다. 구체적인 마을의 개념은 인가를 구성단위로 보고, 인가가 집합된 촌내로 한정시키는 협의의 마을과 인가를 주축으로 하여 주변에 배치되고 있는 부속건물, 경지, 도로, 수로, 공지, 울타리 등 정주공간 전체를 포괄하는 광의의 마을이 있다(정하우 외, 1999).

우리나라 전통적인 정주공간으로서의 농촌은 농민들의 자족적 생활권인 동시에 독자적이고 통일된 조직체를 형성하고 있는 자연집단으로 나타나고 있다. 이러한 농촌마을은 공동체적인 속성과 관련된 동족관계나 근린관계로 얽힌 가족을 단위로 구성되어 왔으며, 촌락의 많은 수가 집촌의 형태를 취하고 있다. 이러한 특징은 폐쇄성과 고립성을 내재하고 있어 오랜 세월을 거치며 지역의 특성에 적합한 농촌마을의 경관을 형성하여 왔다(서주환, 2001). 그러나 근·현대화의 과정에서 농촌마을 본연의 정체성을 외면한 도시 지향적 사고에서 비롯된 개발도구의 내외적 요인에 의해 전형적 농촌마을은 혼주화·도시화하여 그 본래의 모습을 상실해 감에 따라 그 정의나 개념 정립도 다음 <표>와 같이 지리적·사회문화적 측면에서 다의적으로 나타나고 있다(김정식, 2002).

〈표〉 마을의 정의 사례

연구자	개념 정의
최재석 (1975)	• 자연촌락을 전통적 의미에서 농촌인의 자족적 생활권으로서 사회적 통일이 가장 잘 이루어진 지역집단
오홍석 (1989)	• 실질적인 주민생활은 의식주 해결을 위한 자원생산 및 이용을 전제로, 경지, 교통로, 주거지역 등과 유기적 결합관계를 형성
정진원 (1991)	• 자연촌락의 일상적 호칭 • 행정적 자연부락으로 통칭되어 온 촌락사회의 기초적인 사회 영역적 단위 • 연면히 존속한 모둠살이의 사회공간적 정형이며 이상형으로서 촌민의 일과 놀이, 삶과 죽음이 귀속하는 하나의 소우주와 같은 존재 • 역사적 실재로서 독자적인 존재양식과 형성원리를 가짐 • 사회 구성의 일반적 속성을 분자적으로 나눠 가지고 있는 촌락사회 최대의 자기 완결적 정주단위
박서호 (1993)	• 구성요소로서 건물로서의 집(땅)과 가족으로서의 집(사람)이 결합 • 집들이 이웃관계 및 공간관계를 맺으면서 모여 작은 모둠살이를 이루고 이들이 서로 어울려 보다 큰 모둠살이를 이루어 나가는 사회·공간수준에서 중층성을 띠는 모습 속에 위치
이상문 (1998)	• 집들이 모여서 된 모둠살이[集落]의 가장 기초적인 단위이자 보다 큰 지역사회를 향해 열려 있는, 그 자체 하나의 자립된 정주단위 • 지표공간상에서 개방체계를 형성하여, 내부체계로서의 집과 외부체계로서의 지역과 부단히 네트워크를 형성하는 인간 정주의 한 형태
정 석 (1999)	• 물리적 범위만을 뜻하지 않고 마을사람들 또는 마을공동체까지를 포함하는 포괄적 용어 • 주거공동체 이외에도 직업, 종교, 취미를 공유하는 다양한 사회적 관계망 또는 커뮤니케이션 그룹까지를 포괄
한경수 (1999)	• 마을은 기하학적 형태면에서 마을을 구성하는 기본요소들이 무질서하고 불규칙하게 특정장소에 군집된 괴촌(cluster village), 인가의 소밀측면에서는 마을의 성립 역사가 오래된 마을에서 나타나는 특정장소에 가옥이 밀집된 집촌형태가 지배적인 마을 형태 • 광의의 마을개념, 즉 인가를 주축으로 하여 주변에 배치되는 부속건물, 경지, 도로, 수로, 공지, 울타리 등 농촌 공간 전반을 포괄하고 있는 영역
서주환 (2001)	• 농촌마을은 도시공간과 대비되는 성격이 강함 • 마을의 입지와 토지 이용에서 나타나듯이 자연환경에 가까운 형태적 특성인 자연성, 구성요소들 간의 기능적 중복과 인간 이용형태에 있어서의 다양성에 의한 복합성, 생활 및 생산의 터전으로서의 토지에 의한 영향적 특성이 나타나는 속지성(屬地性), 인간생활공간으로서 커뮤니티의 형성과 함께 나타나는 공동성 등의 특징이 나타남

자료원: 김정식, "농촌마을정체성 확립을 위한 어메니티 평가목표체계 구축", 한경대학교
산업대학원 석사학위논문, 2002, p.11.

2) 농촌체험관광마을의 개념

　농촌체험관광사업은 농촌 지역의 풍부한 관광휴양자원을 농업과 연계하여 보전·개발함으로써 도농교류를 촉진하고 농촌 소득증대 및 지역개발의 촉진을 도모하기 위한 목적을 내포하고 있다. 농촌체험관광마을의 정의로는 "마을단위 중심으로 농촌체험관광 경영의 주체가 되어 농촌마을의 독특한 자연환경과 농촌문화를 유무형의 지역 특화품으로 개발하여 도시민의 심리적 귀향욕구와 농촌체험 여가활동을 충족시켜 도시와 농촌이 함께하여 활기 있는 농촌문화와 농가소득증대를 꾀하는 마을"이라고 말할 수 있다.

　우리 농촌에는 아직까지 소박한 인정, 전통문화, 자연경관 등이 남아 있어 도시민들의 여가욕구를 충족시키고, 도시민의 민박과 농산물 구입을 통해 농가소득 증대가 기대되며 이로 인해 침체되어 있던 농촌마을이 활성화되고 돌아오는 농촌으로 탈바꿈될 수 있는 대안으로 농촌 지역 관광화 추진전략이 도입되고 있다. 궁극적인 목표는 마을단위 관광사업 추진으로 농촌의 정체성을 살리고, 도농교류를 활성화하고 농촌 주민소득을 높이는 데 초점이 맞추어져 있다고 할 수 있다.

　농촌체험관광마을은 지역주민이 주체가 되어 개발함으로써 소득의 향상을 기하고 생활환경을 개선하며, 관광객 입장에서도 지역민과의 교류, 지역문화 체험기회를 갖기 위해서는 지역관광개발의 공간적 단위를 마을로 설정할 필요가 있다. 마을은 지역 공동체로서의 유대감과 정체성이 강하며 지역의 생활권이나 최소생산단위이다. 따라서 주민이 주체로 추진할 수 있는 가장 효율적인 단위이며, 관광객이 목적지로 인지하는 실질적인 단위가 되기 때문이다. 개별마을들을 개성 있는 테마관광지로 개발하고, 각 테마마을을 지역적으로 연계시킴으로써 단일 관광권 또는 리조트지역으로 개발 가능한 것이다.

농촌체험관광은 농촌관광마을들을 차별화하는 가장 기본적인 요소이다. 모든 농촌은 농산물의 생산과 생산과정의 상품화라는 농촌관광의 대상에서 제외되지 않는다. 어떤 농촌마을이든 농산물, 생태자원, 역사·문화자원, 농촌적 생활양식 등 농촌성을 대표하는 관광자원을 보유하고 있기 때문이다. 그러나 모든 농촌마을이 농촌체험관광을 도입하는 것은 아니며, 도입 이후 성공을 보장받는 것도 아니다. 이것은 농촌체험관광사업을 어떻게 추진하는가와 관련되는데, 특히 관광객의 요구에 부응하는 농촌체험 프로그램을 기획하고 실행하는 것이 성패를 좌우하고 있다. 체험프로그램은 지역 자원을 다양하게 변형한 결과로서, 이것은 농촌체험관광을 추진하는 수많은 농촌관광마을들을 차별화시킬 수 있는 중요한 과정이다(고선영, 2006). 일반적으로 농촌관광지의 유형을 구분해 보면, 입지적 구분에 의해서는 농산촌형, 어촌형으로 구분할 수 있으며, 체험상품의 구분에 의해서는 휴양보양형, 농촌체험형, 레포츠형, 전통문화형 등으로 구분하며, 숙박시설 구분에 있어서는 농가민박형, 팬션형, 휴양콘도형의 전문숙박시설 등으로 구분할 수 있으며, 이외에도 세부적인 유형에 따라 구분이 가능하다. 또한 유형 구분과 함께 농촌관광지의 구성요소는 자연, 역사문화, 인위적인 요소를 매개로 한 농촌성(amenity)과 숙박시설 서비스, 농업생산판매시설(농산물 가공, 직판), 체험프로그램 운영과 이를 지탱하고 있는 기반, 편의시설 등이다. 또한 이들 간에는 상호 유기적인 관계가 형성되어 있다고 할 수 있다.

3) 농촌체험관광마을의 운영현황과 전망

우리나라의 농촌관광정책은 1980년대 이후 농촌 지역의 휴양자원 개발의 일환으로 농촌휴양자원개발사업이 시도되어 오다가, 2000년대 이후 농촌경관의 관광자원화, 지역단위의 소득 증대, 농가경영 다각화, 국민여가기회 다양화 등을 유도하기 위해 농촌관광마을사업이 시행되고 있다.

최근 정부에서 추진하고 있는 농촌체험관광에는 녹색농촌체험마을사업, 농촌전통테마마을사업, 아름마을가꾸기사업, 농어촌체험 관광마을사업, 문화마을조성사업, 산촌종합개발사업, 정보화시범마을, 마을종합개발사업 등이 있으며, 농협에서는 팜스테이마을 제도를 두어 농촌관광화 사업을 추진하고 있다.

외국의 경우 추진배경이 국가별로 다소간 상이한바, 영국은 1960년대부터 농산물 과잉으로 농가소득이 감소하자 일부 농가에서 경영 다각화의 일환으로 농촌관광이 시작되었고, 일본은 1992년 취업기회 창출수단으로 농촌관광의 진흥을 도모하였고, 1995년 농산어촌체제형여가활동촉진법 제정으로 본격화되었다.

국가별로 농촌관광의 무게중심은 다소간 차이를 갖고 추진되었지만, 최근에는 농가경영 다각화, 농촌 지역 활성화, 국민 여가기회 다양화 등의 목적을 달성하는 데 농촌관광사업이 유력한 정책인 것으로 평가되고 있으며, 아울러 외국의 농촌관광에 대한 정책적 지원의 공통점은 정책사업의 틀, 방향, 지침, 예산, 평가 등은 중앙정부가 제시하지만, 실행과정에서는 민간이 주도적으로 참여하고 있다.[1]

구분	추진배경	정부지원	민간역할
영국	·농가소득 감소에 따른 경영다각화의 일환으로 추진	·경영상의 조언 및 평가 ·직업훈련 및 교육(관련 비용 50~100% 보조) ·시설 등에 대한 자본투자 및 마케팅 보조 등	·정보 제공, 마케팅, 연수 프로그램 제공, 홍보 ·경영 상담, 조언, 기술교육, 공동마케팅 ·교육업무 대행 등
프랑스	·농가소득 증대, 농촌 개발, 여가 제공, 농촌 가치 보존 등 정책목표의 실현수단으로 지원	·시설투자 보조 및 융자 ·관광 인프라 투자 ·농촌관광참여농가에 유리한 과세제도 운영 ·농가관광 관련 교육 및 연수비용 보조 등	·농촌관광 관련 조사, 연구, 정책 제안 ·컨설팅, 교육, 조직화, 마케팅 등
독일	·농가의 경영 다각화 일환으로 추진 ·최근, 농촌자연과 문화적 보전 측면 강조	·교육과 기반시설(숙박 등) 투자 지원 ·보조금, 저리융자금 지원 ·농업투자지원(여가분야, 농산가공품 판매 등)	·민박농가 등록 관리, 품질인증 마크 발행 등 ·농가민박 촉진·홍보, 마케팅 활동 지원 등 ·온라인 서비스 및 잡지 발행, 자체 등급화 등
일본	·농촌 지역 활성화, 도농교류 도모를 위해 추진	·시설 설치 지원(교류시설 설치, 농가민박 정비 등) ·소프트 지원(농업체험 지원, 교육, 인재 활용 등) ·제도 및 규제 완화(농촌 휴가법 등)	·컨설팅, 정보 제공, 시설운영 지원, 연수, 농가민박 등록제 운영, 인재육성, 홍보 등
대만	·농업 경쟁력 제고를 위해 추진	·재정적 보조 지원(공공 시설, 관광활동관련 서비스 시설 등) ·교육, 해외연수 등 지원 ·농촌관광 홍보	·정부계획 위탁 추진, 조사, 기본자료 제공, 교육 및 대출 지도 등 －각종 농어민단체, 농민·농장조직에서 지원

자료원: 농림부·한국농촌경제연구원, "우리나라 농촌관광 발전방향 및 방안", 2003. p.20.

　　앞으로 주 5일 근무제 실시 등으로 인한 여가시간의 증대, 생태적·환경적 가치에 대한 관심 증가 그리고 고품질의 안전 농산물과 건강식품에 대한 수요 증가로 이와 연계된 농촌관광이 상당히 증가될 것으로 예측하고 있다.

---

1) 농촌관광마을사업평가, 국회예산정책처, 2006. p.6.

아래 <표>와 같은 농촌관광 추정결과는 자연휴양림, 펜션 등 농산
어촌지역의 각종 휴양시설 방문, 농산어촌지역 축제 참가 등이 포괄된
넓은 의미의 농촌관광의 개념에 따른 것이지만, 농촌관광마을 방문과
특산물 구입 그리고 체험활동 참가 등에 국한한 좁은 의미로 농촌관
광을 한정할 경우 그 추정치는 상당 부분 감소될 것으로 판단된다.

<표> 농촌관광의 전망

(단위: 천 명)

구분	2002년	2005년	2008년	2011년
국내관광 총량	404,648	507,436	536,876	605,968
농촌관광 총량	36,126	67,507	100,123	145,955
농촌관광 구성비(%)	8.9	13.3	18.6	24.1

자료원: 농촌관광마을사업평가, 국회예산정책처, 2006, p.7.

도농교류 활성화를 위한 정책 대안

[요약]

유럽과 일본은 '농촌을 떠났던 사람들과 도시의 자본을 다시 역류시키는 방법'으로 농촌을 되살리고 있다. 도농교류 활성화[2]는 농업인에게 희망과 용기를 줄 수 있음은 물론 농촌사회가 원활히 유지될 수 있도록 도울 수 있는 훌륭한 도구가 된다.

이를 위해서는 첫째, 농촌 볼런투어리즘(voluntourism＝봉사＋관광) 확산을 위한 정부·단체·기업들의 체계적이고 적극적인 지원시스템이 구축되어야 한다.

농촌자원봉사활동을 하는 사람 중에는 자원봉사활동의 기본이념과 필요성에 대한 확신이 없어 일시적 또는 자기만족을 위해 활동에 참여하는 경향이 많으므로 자원봉사자에 대한 참된 가치나 보람을 갖지 못하는 경우가 많다. 그 결과 자원봉사자의 행동은 무책임하고 단기적인 봉사에 그치는 경우가 많다. 이런 '볼런투어리즘'이 기업의 사회공

---

2) 기본적으로 3M은 필수: Money – Manner – Mood.

헌프로그램 및 사내 휴가제도와 연계되고 관련 특가상품 출시 및 여행비 할인정책을 실시한다면 더없이 좋은 제도로 정착될 것이다.

둘째, 8거리 개발[3])과 함께 마을가꾸기의 오감 활용이 필요하다. 마을가꾸기 핵심 8거리(볼거리, 먹을거리, 쉴 거리, 알 거리, 할 거리, 일 거리, 놀 거리, 살 거리)를 통해 지역자산의 가치 증진과 농산물을 부가가치를 만들어 판매하자는 것이다. 여기에다 마을가꾸기의 오감 활용(시각, 청각, 미각, 후각, 촉각) 등에 만족을 줄 수 있는 다양한 소재를 개발해야 한다. 그리하여 8거리와 오감의 복합화를 통한 차별화된 농산촌테마 개발이 필요한 시점이다.

셋째, 도시 청소년과 중고학생의 대상에 맞는 농촌문화체험, 농촌 자원봉사 등을 '봉사학점제'와 연계시킨 프로그램을 적극 개발해야 한다. 일본의 경우 이러한 농촌체험 학습의 교육적 가치를 높이 평가해 초등학교의 70%가량이 농사체험 학습을 실시하고 있다. 특히 3년 전부터는 농촌체험 학습을 보다 적극적으로 추진하기 위해 '종합학습시간'이라는 과목을 신설, 정규 교육의 하나로 편성했다. 또 산촌유학 프로그램이나 그랜드 투어(Grand Tour)를 가능케 한 체계적인 체험학습장 등을 들 수 있다. 특히 독일·일본·러시아 등은 일찍부터 소규모 농업생산 공간을 조성해 일상생활에서 농촌을 가까이하는 것을 중시해 왔다. 독일 클라인가르텐 400만 개소, 일본 시민농장 15만 3,000개소, 러시아 다차 3,200만 개소가 그것이다

넷째, 도시 학생이 짧게는 10일, 길게는 1년 동안 농촌학교로 전학 와서 생활하는 적극적이고 능동적인 '농촌 유학' 시스템이 구축되어

---

3) 8거리: 봉사(할 거리, 일거리)+관광(볼거리, 먹을거리, 쉴 거리, 알 거리, 놀 거리, 살 거리).

야 한다. 일본은 우리보다 한참 앞서 이런 일을 조직적으로 하고 있다. '산촌 유학'이라 불리는 일본 농촌학교 프로그램의 경우 도시에서 온 다양한 연령대의 아이들에게 1~3년 동안 농촌의 생활과 교육을 체험시키고 있다. 30여 년 전 1주간의 농촌체험으로 시작됐지만 지금은 정부와 단체의 지원을 받는 체계적인 유학 프로그램으로 발전했다. 1976년부터 지난해까지 일본에서 산촌 유학을 해 본 학교는 전국적으로 300여 곳에 이른다. 지난해만 187개 학교에서 880명이 산촌 유학을 경험했다.

현재 일본 산촌 유학은 행정이 주체인 곳이 20%, 지역주민과 학교가 주체인 곳이 60%, 민간단체가 주체인 곳이 20%다. 우리나라에는 일본과 같이 1년 단위로 도시아이들이 농촌에서 일상생활을 하면서 체험할 수 있는 프로그램이 전무한 실정이다. 다만 2002년부터 도농(都農)교류학습이라는 이름으로 도시와 농촌 혹은 다른 지역의 농촌학교끼리 교류학습 프로그램을 추진하고 있다.

우리나라도 현재 520개 마을이 공공자본의 지원을 받고 있다. 이 중 다랭이마을과 같은 10여 개의 마을은 세계 어디에 내놓아도 손색이 없는 마을이다. 미리 깨닫고 선점하는 것이 도농교류 활성화를 위한 지름길이다.

1. 볼런투어리즘 확산

1) 우리나라 자원봉사활동의 문제점

우선 자원봉사활동의 가장 큰 문제점은 수요처와 공급처의 불일치다. 각종 사회복지기관, 교육기관, 기타 다양한 조직체에서 그들의 필요에 따라 자원봉사자를 교육, 활용하고 있으나 자원봉사자들 간의 횡적인 연계가 되지 않고 있어 어떤 사회문제에 공동으로 대처하지 못하고 산발적이 되므로 지역사회에 뿌리를 내리지 못하고 있는 것으로 나타나고 있다. 실제 자원봉사자를 모집, 활용하고 있는 서울시 내 소재, 사회복지시설의 실무 담당자와의 전화면접에서도 자원봉사를 희망하는 지원자는 많으나 이를 모두 필요로 하는 기관에 연결하여 주지 못하는 경우가 많은바, 그 이유는 사회복지시설에서 필요로 하는 전문적 자원봉사자, 예를 들면, 물리치료사, 간호사, 변호사, 공무원, 의사 등이 절대적으로 부족한 실정이라고 한다. 또한 일부 전문가들이 자원봉사활동에 참여하고 있기는 하지만 봉사단체 간 상호 교류가 잘 되지 않고 있기 때문에 수혜자에게 체계적인 서비스를 제공하기 힘든 실정이라고 한다. 특히 연령층이 낮은 자원봉사 희망자일수록 궂은 일을 기피하는 경향이므로 이러한 수요·공급 불일치 현상이 가중되고 있는 것으로 파악되고 있다. 따라서 기업 등은 사회적 책임경영 일환으로 그들의 필요에 따라 자원봉사 시스템의 공급을 가동하고 있으나, 수요처와의 지속적인 교류프로그램 개발 미흡으로 일회성으로 끝나는 경우가 다반사다.

둘째, 자원봉사자의 소명의식 부족과 인식 부재가 문제다. 자원봉사활동을 하는 사람 중에는 자원봉사활동의 기본이념과 그 필요성에 대한 확신이 없이 일시적·감상주의적 또는 자기만족을 위해 활동에 참여하는 경향이 많으므로 자원봉사자에 대한 참된 가치나 보람을 갖지 못하는 경우가 많다. 그 결과 자원봉사자는 믿을 수 없다는 말을 들을 정도로 무책임하고 비난을 받으며 단시간 내에 자원봉사활동을 포기하게 된다. 한국사회복지협의회의 조사결과에 나타난 자원봉사활동에 참여한 기간을 보면 6개월 미만이 40.0%로 가장 많고 그 다음으로 1개월, 1년 미만이 21.9%였다. 참여기간의 전반적인 경향을 보면 6개월 미만이 가장 많고, 기간이 경과할수록 참여자의 비율이 감소하였다. 이는 자원봉사자가 자원봉사활동을 지속적으로 못 하고 중도 탈락하는 데서 비롯한 것이다. 자원봉사자를 교육이라고 숙달시키는 데는 상당한 시간과 비용, 노력이 소모되기 때문에 자원봉사자의 중도 탈락은 자원의 낭비를 가져오는 결과가 된다. 또 각종 단체에서 행해지는 자원봉사교육훈련의 내용과 질 그리고 기간 등이 다양해서 자원봉사활동에 참여하려는 사람들에게 혼란을 가져오게 할 위험성이 있다고 보는바, 특정 단체 소속이라는 의식은 오히려 자원봉사자 간에 위화감을 조성할 위험이 있다. 따라서 이러한 현상은 일반인들에게 자원봉사에 대한 인상을 흐리게 할 가능성이 있다. 또한 아직까지 우리나라에는 자원봉사활동에 관한 사회적인 인식이 부족한 상태이므로 먼저 자원봉사활동에 참여하려는 사람들이 주위사람들의 반응에 민감하고 주저하게 되며, 또 자원봉사활동이 특수층의 사람만이 특수한 사람을 위해서 하는 자선행위 정도로 잘못 인식되고 있다. 자원봉사활동과 관련된 종합적인 체계가 마련되어 있지 않기 때문에 운영과정상 많은 문제점들이 나타나고 있다. 이를 자세히 살펴보면, 첫째, 일반국민들은 물론 자원봉사활동에 참여하고 있는 봉사자들조차도 자원봉사활동에 관한 올바른 인식이 결여되어 있다. 자원봉사활동을 구빈(救貧)활동, 사회복지시설에서의 활동으로 잘못 인식하여 일시적이고 감상적인 자세로 참여하기 때문에 지속성의 결여로 활용기관에 실망을 주게 되고, 가족이나 이웃으로부터도 지지를 받지 못하고 있다.

둘째, 자원봉사자를 받아들이는 시설이나 기관에서도 자원봉사에 대한 인식 부족과 자체 내 자원봉사자를 위한 조정역할을 하는 사람이 없어 자원봉사자와 기관직원 간에 마찰이 생길 수 있으며, 그 결과 어떤 경우 기관에서는 자원봉사자를 기피하게 되고 자원봉사자는 자원봉사자대로 그들의 활동을 이해해 주지 못하는 것에 대한 좋지 못한 감정을 가지게 된다. 또한 자원봉사활동에 대한 정부의 인식 부족으로 적극적으로 권장하고 육성하는 제도가 마련되어 있지 않다. 즉 봉사활동 중 사고나 불이익을 보상받을 수 있는 제도적 장치 미비, 자원봉사활동에 대한 포상 및 경력 인정 등 사회적 정비체계가 미비한 실정으로서 자원봉사활동을 건전하게 육성하기 위한 정부의 지원 및 직접적인 활용이 매우 소극적인바, 이러한 여러 가지 문제점들이 자원봉사활동이 지역사회와 가정에 뿌리를 내리기 어려운 요인이 되고 있다고 본다. 그러다 보니 지역자원봉사활동을 하는 사람 중에는 자원봉사활동의 기본이념과 그 필요성에 대한 확신이 없어 일시적 또는 자기만족을 위해 활동에 참여하는 경향이 많으므로 자원봉사자에 대한 참된 가치나 보람을 갖지 못하는 경우가 많다. 그 결과 자원봉사자의 행동은 무책임하고 단기적인 봉사에 그치는 경우가 많다.

셋째, 농촌자원봉사활동을 지원하는 기업의 체계적·제도적 장치가 미흡하다. 자원봉사 인력을 전문적·체계적으로 육성 관리할 수 있는 총괄적 기구가 지역기관 시설별로 산발적으로 운영되고 있으므로 이를 전체 통괄하는 기구의 설립이 필요하다. 어쨌든 진정으로 자원봉사활동이 필요하다고 정부나 사회에서나 국민이 인식하고 있기 때문에 현재 상태의 육성관리운영체계를 개선하지 않으면 안 된다고 본다. 특히 자원봉사활동 진흥법의 제도적 마련, 자원봉사활동 중의 불의 사고에 대한 보장, 사기 진작, 저변 확대를 위한 포상제도 수립, 자원봉사활동에 필요한 비용의 지급 등 제도적 장치가 필요하다. 이제 자원봉사활동도 과거와 같이 무조건 헌신봉사만으로는 불가능하기 때문에 어떤 방식으로든지 보상이 있어야 한다고 본다. 위와 같은 어려운 여건과 제도하에서 지역사회의 소수 주민들이라도 봉사활동에 참여하고 있음은 매우 고무적인 현상이라고 할 수 있으나 자원봉사활동의 제반 문제와 상관되어 생각해 볼 때 자원봉사활동이 활성화되지 못하고 있음은 당연한 것이다.[4] 따라서 자원봉사 인력을 체계적으로 교육하고 연계하는 지역농촌의 자원봉사 거점이 필요하지만, 현실은 기업별로 산발적인 자원봉사가 이루어지고 있어서 체계적이고 종합적이지 못하다.

그 밖에 자원봉사활동의 전문가(관리조정자) 부족 문제와 우리나라 정부지원 기능 및 행정지원 체계의 문제점을 들 수 있다. 먼저, 사회복지 분야는 사람에 대한 봉사이므로 자원봉사지원자들에 대한 사전교육과 전문성이 요구되는 다소 어려운 영역임에도[5] 우리의 현실은

---

4) 임춘식, 앞의 책, p.10.

5) 변철식, "보건복지부의 자원봉사정책방향", 중고교생 자원봉사활동과 사회복지와의 연계방안(한국사회복지관 협회, 1996), p.96.

자원봉사자를 모집, 훈련, 교육시키고 필요한 기관과 연결시켜 주며 프로그램을 개발하고 활용기관을 지도 감독하고 지원하는 기능을 수행할 수 있는 전문기구도 결여되어 체계적인 관리가 이루어지지 않고 있으며 사회복지기관, 공익기관 및 민간단체 등 다양한 조직체에서 필요에 따라 산발적으로 자원봉사활동 프로그램을 진행하고 있는 바 이것도 기관 측의 계획이나 준비 부족으로 체계화되어 있지 못하여 자원봉사자의 욕구나 기대에 미치지 못하고 있는 실정이다. 특히 자원봉사활동을 효율적으로 육성·발전시키는 데 필요한 사회사업가, 자원봉사활동 분야별 특수교육 및 전문교육을 받은 사람 등 전문가가 절대적으로 부족한 실정이다. 그리고 자원봉사활동을 전문적으로 연구하고 개발·육성할 수 있는 전문기관 및 전문요원이 부족하다. 우리나라에서 자원봉사활동의 제도화는 역사가 매우 짧다. 사회복지 분야에서 일부 아동복지나 장애인복지시설을 제외하고는 80년대 이후에야 자원봉사자를 활용하기 시작하였기 때문에 시설수준에서 자원봉사는 제도적으로 형성기에 있다고 할 수 있다. 자원봉사 지원기관도 대부분 70년대 이후에야 설립되었으며, 아직 추진역량이 미흡한 형편이다.

2) 기본방향

자발적인 봉사활동(volunteer)과 여행(tourism)을 합친, 이런 '볼런투어리즘(voluntourism·자원봉사여행)'은 한국뿐 아니라 전 세계적으로 교회와 자원봉사단체, 국제적인 민간단체를 중심으로 활발히 진행돼 왔다. 자원봉사여행은 보통 1주일 안팎의 짧은 기간에 '봉사+관광'의 형태로 이뤄진다. 하지만 지역의 문화와 필요에 대한 이해 없이 가면, 부작용도 생긴다는 지적도 있다. 누군가를 돕는 여행인 자원봉사관광이 '착한 일을 한다는 느낌'을 당사자에게 잠시 줄 수는 있어도, 도움받는 지역에 실질적 혜택을 주지는 못한다는 비판도 있다. 특히 국내 사정은 더욱 그렇다. 2005년 6월에는 10여 년 이상 준비해 오던 자원봉사기본법이 제정되고 2006년에는 자원봉사 기본법시행령이 제정되고 연말에는 진흥위원과 실무위원이 위촉되었다. 그러나 자원봉사기본법이 제정되었다고 하여 자원봉사 분야가 발전하는 것은 아니다. 다만 자원봉사활동 기본법이 제정되었기 때문에 자원봉사 영역은 이제 새로운 환경이 조성된 것이라는 것이다. 기본적으로 ① 자원봉사영역에 대한 질적인 발전, ② 학교 자원봉사교육의 제도화, ③ 자원봉사 관리기관 간에 네트워크가 구축되어 지식 공유, ④ 자원봉사 관리기관의 자격제도화, ⑤ 청소년 활동 지원센터나 여성자원활동센터 등 각 센터별로 특성 있는 운영방안의 모색, ⑥ 다양한 자원봉사교육과 훈련의 체계화, ⑦ 자원봉사 인증센터 간에 네트워크 구축과 교류 등이 이뤄져야 한다. 그다음으로 건전한 자원봉사를 위해선 방문 지역 사람들이 무엇을 해 주길 원하는지 꼼꼼히 파악해서 가야 하고, 농산어촌 지역의 경우, 그 지역주민들이 사는 모습과 문화를 있는 그대로 이해하려는 자세도 갖춰야 한다. 이를 위해 자원봉사부문에 대한 기본적인 정책대안은 다음과 같다. 즉 자원봉사운동이 활발해지고 성공하기 위해서는 다음과 같은 문제들이 기본적으로 해결되어야 한다.

No.	분야	시정할 사항	시행할 사항
1	가치관	지나친 보상	공교육에 반영
2	법과 지원 체계	중복 난립된 지원체계 정비	지원법과 조례제정, 정부부처 공개, 정부조직 내에 자원봉사장려위원회 설치
3	재정	부족한 인력과 예산, 지원비 사용상의 지나친 규제	인프라 구축 지원, 센터예산 지원. 시설 사용 허가, 자원봉사관리비 지원
4	직업전문가 양성	비전문가에 의한 전문교육프로그램 기획 및 실행	전문교육기관 인정과 지원, 센터직원, 수요처 담당자 및 봉사학습 담당교사 전문교육실시
5	행정지도와 감독, 교육	자원봉사에 대한 시각, 너무 많고 잦은 보고, 무리한 활동요구	정기평가, 공무원 자원봉사교육
6	자원봉사 인프라	행정단위별 센터설립, 자치단체 내에 센터 설립 허용, 부당한 센터 위탁	센터 설립 기준 마련 시행, 마일리지시스템 개발, 전국센터설립지원, 지역사회네트워크 지원
7	인센티브	공정한 시상, 무차별 보상	세금 공제, 보험 제공, 경력 인정, 장학금호 및 생계비 지원
8	선도적 모델		시민자원봉사단 창설

(1) 자원봉사 가치관의 확립

국가와 사회를 위한 자원봉사를 해야 한다고 주장하는 Charles C. Moskos에 의하면 '자원봉사활동 자체에 가치를 두어야 하며 봉사 자체가 목적이다.' 이러한 시민적 전통이 확립될 때 자원봉사 참여율은 자연히 높아지겠지만 그렇게 되기까지 국가는 가치를 수호하려는 의식적인 노력을 기울여야 한다. 예를 들면 이스라엘 교육부가 2001년 IYV를 기념하여 그해 교육의 주제를 '자원봉사'로 삼는다거나, 자원봉사 이야기가 교과서에 실리게 하는 등 방법으로 국가가 자원봉사의 가치를 확산하고 수호할 수 있다. 이런 정책들하에서 학생자원봉사활동의 교육적 효과와 실천방안에 대한 많은 연구가 이루어지고 시행에 따른 예산 뒷받침이 있어야 학생자원봉사활동은 성공할 수 있고, 학생들과 국민은 국가가 자원봉사를 높은 가치로 여기고 있음을 인식하게 된다. 또한 국가는 자원봉사의 전통과 문화를 정착시키기 위해 포상제도를 두는 것이 바람직하다. 그러나 업적에 비하여 너무 높은 상을 주거나 물질적·실질적 보상을 한다면 상의 가치도 떨어지거니와 자발성이 훼손될 우려가 있다. 예를 들면, 현재 논란이 일고 있는 군가산점 문제에서 자원봉사경력 가산점 제안 역시 지나친 보상으로 무상성의 가치를 흐릴 가능성이 크다. 자원봉사에 대한 보상은 명예이다. 스스로 자부하는 명예이든 남이 인정하는 명예이든 명예 이상의 것을 주려고 해서는 안 된다(사회복지와 연계된 유료 프로그램은 제외: 미국의 노인동료프로그램과 수양조부모 프로그램). 즉 포상에 있어서 특정단체들에게만 혜택이 가거나 단체에 돌아갈 것이 개인에게 주어지는 일은 시정되어야 하며 공정성과 정당성, 효과성이 고려되어야 한다. 국가가 할 일은 이러한 자원봉사의 가치와 명예가 합리적으로 제도와 전통에 통합되도록 하는 것이다.

(2) 행정 지원체계와 법 제도

① 자원봉사센터에 대한 정부 지원체계 개선

자원봉사센터를 여러 정부 부처에서 별도로 설립·지원하고 있고 협력·조정이 잘 되지 않고 있는 점을 개선하기 위해 센터에 대한 정부 지원 체계 및 구조의 조정이 필요하다. 이는 법적 근거를 가지고 조정되어야 할 것이며 과도기적으로는 자원봉사활동지원법이 제정되기 이전일지라도 행정부 내에 '자원봉사장려위원회' 같은 기구 설치가 바람직하다. 사실상 지역자원봉사센터를 중심으로 다른 자원봉사센터(여성, 청소년 등)들이 통합되는 안이라고 볼 수 있는데, 각 센터들은 해당 정부부처로부터 계속적인 지원을 받을 수 있되, 지역자원봉사센터의 한 분과 또는 부서로서의 위상을 가지게 된다. 예를 들어 현재 각기 다른 정부부처로부터 지원을 받고 있는 지역 내 여러 종류의 센터들 가운데 여성자원활동센터는 여성복지과에서 관장하고 있으며 센터로서의 제반 기반이 부족하다. 이런 센터를 지역센터 내의 자율적 부서로 통합하고 지원은 종전과 같이 받는다면 하드웨어에 관한 이중구조를 단일화할 수 있다. 청소년자원봉사센터 역시 마찬가지이다. 이 경우 이미 하드웨어가 있는 청소년 자원봉사센터는 봉사학습연구와 프로그램 개발, 교사 훈련 등에 치중하는 것이 바람직하다.

② 정부 자원봉사(사회봉사) 프로그램 시행의 문제 개선

준비가 덜된 프로그램(예, 학생자원봉사활동의 내신성적 반영)을 시행하거나 물의를 일으키는 프로그램(예, 범죄예방협의회의 갱생보호위원을 지역유지 위주로 임명하고 예산을 전혀 수립하지 않고 지역유지들에게 의지하는 문제)은 속히 시정되어야 한다.

③ 공공부문자원봉사 활성화

중앙정부를 비롯한 각급 자치단체 정부는 자원봉사자 활용프로그램을 만들고 보다 많은 시민(자원봉사자)들이 정부기관 내에서 자원봉사활동을 할 수 있도록 개방하고, 공무원들도 자원봉사활동을 할 수 있도록 지원하는 규정과 자원봉사활동 지원프로그램을 만들어야 한다. 또 이것을 위한 교육이 공무원 교육에 포함되어야 한다.

④ 자원봉사활동지원법 제정

자원봉사에 대한 행정지원체계나 전국자원봉사센터의 설립, 자원봉사의 활성화에 있어 제반 뒷받침이 되는 법적 근거로서 기능할 수 있는 자원봉사활동지원법(가칭)의 제정에 대해서는 작년에 자원봉사센터 및 관련단체와 개인들이 입법청원운동을 벌인 바 있고, 이미 90년대 초·중반부터 논의되며 주장되어 온 사안이다.

그동안 법안 마련을 위한 의견 수렴 과정을 통해 어느 정도 법안의 내용은 다듬어졌으나, 실제로 입법 추진과정에 있어서는 구체적인 성과를 거두지 못하고 있다. 특히 행정자치부와 민간이 공동으로 마련한 법안이 국회에서 상정조차 되지 못한 일은 앞으로 입법청원에 있어서의 전략이 중요함을 말해 준다. 이 과정에서 많은 국회의원들이 자원봉사에 대한 바른 이해를 가지고 있지 않음을 확인할 수 있었고 입법은 이들의 이해를 증진시키는 활동부터 시작되어야 한다고 본다. 행정자치부도 안일한 대처에서 벗어나 보다 더 적극적으로 여당을 설득해야 한다고 본다.

(3) 재정지원

① 자원봉사센터에 대한 재정지원

자원봉사센터 실무자들은 센터의 가장 큰 문제로 부족한 인력과 예산을 든다. 이들을 대상으로 한 조사에 의하면 센터의 인원이 3명 이하인 경우가 많고 예산은 연간 5천만 원(인건비 포함) 이하가 태반이다. 이와 같은 실정에서 센터의 기능을 제대로 발휘할 것이라고 기대하는 것은 무리이다. 물론 예산과 인력은 지역의 실정(자원봉사욕구, 자치단체의 재정능력과 시민참여 정도 등)에 따라 다를 수 있으나 하나의 조직으로서, 그것도 정부의 감독과 감시를 받아 가면서 일을 하려면(정부규정에 맞는 체제로 일하고 보고서를 작성하려면 상당한 시간과 노력이 들어감) 최소한 4명 내지 10명의 직원이 있어야 함을 자원봉사 전문가와 실무자들은 지적해 왔다. 따라서 자치단체가 센터를 설립, 운영하기 어려운 형편인데도 행자부가 무리하게 설립을 권장할 필요는 없다. 그러나 설립된 이후에는 자립할 수 있기까지 정부(행자부와 자치단체)는 재정지원을 해야 한다(미국은 지방정부, 영국은 중앙과 지방). 재정지원은 예산뿐만 아니라 시설사용과 물품지원도 고려되어야 한다.

② 정부 자원봉사(사회봉사) 프로그램에 대한 재정지원

정부는 지금까지 정부가 시행하는 자원봉사(사회봉사) 프로그램 수행 시 투입되는 자원봉사자 활동처의 자원봉사자 관리 비용(감독자의 인건비 포함)을 지원해야 한다는 생각은 해 오지 않고 있다. 그러나 지속적이고 효과적인 자원봉사 프로그램을 위해서는 이 역시 시급히 실행되어야 한다. 예를 들면, 사회봉사 명령제가 제법 정착되어 가는 곳이 늘어나고 있다. 그러나 예산지원이 전혀 없기 때문에 프로그램을 맡은 자원봉사센터나 단체들은 관리와 감독에 드는 비용(직원의 타임, 장소비 등)을 고스란히 떠안고 있어 큰 부담이 되고 있다.

③ 학생자원봉사 프로그램에 대한 재정지원

학생자원봉사 역시 마찬가지이다. 아직은 어린 중학생들에게까지 자원봉사교육을 시켜 가며 단체나 기관이 업무를 맡기고 감독 지도하는 데에는 엄청난 노력과 비용이 든다. 특히 봉사학습의 효과를 내기 위한 프로그램은 연구가 필요하고 밀착된 지도가 필요하므로 비용이 더 듦에도 불구하고 프로그램 수행기관에 대한 예산지원이 없다.

④ 자원봉사 부문에 대한 재정지원의 일반적 원칙

벤처기업을 육성하듯 자원봉사단체에 대한 지원도 다각화해야 한다. 현재와 같이 사업비만 지원하는 것은 지원이 아니라 자원봉사단체들을 정부의 하청업체화하는 것과 같다. 지원은 인건비와 시설투자비, 연구비가 포함되어야 한다. 그러나 어떠한 형태도 지나친 규제로 자율성과 독립성이 위축되어서는 안 된다. 선진국의 지원비는 총액만 규정하고 단체에게 자율적 운영을 보장함을 우리도 배워야 한다. 프로그램 지원은 적절한 기준, 투명하고 공정한 심사에 의해서 이루어지고 결과가 공개되어야 한다.

(4) 직업전문가 양성 및 교육

얼핏 보면 이 문제는 자원봉사센터나 수요처의 문제인 것같이 보이나, 센터 설립 운영의 과정에서 보았듯이 준비가 안 된 상태에서 정책수립과 시행이 시작된 만큼 현재 실무자들을 포함하여 장차 이 분야에서 직업인으로 활동할 사람들을 대상으로 한 직업전문교육이 있어야 하며 이는 국가도 책임을 질 부분이다. 자원봉사자의 중도 탈락이 자원봉사 활성화에 가장 심각한 문제로까지 받아들여지고 있는 현실에서 그것을 막을 수 있는 가장 효율적인 방법은 자원봉사 관리자의 전문성을 높이는 교육과 훈련이다. 따라서 정부는 이들의 교육과 훈련을 위한 예산지원, 정부시설 활용 허락, 교육시간 할애 등의 배려를 해야 한다. 자원봉사 및 자원봉사관리자 교육은 교육전문기관에 위탁하거나 전문가의 의견을 충분히 반영하여 실시함이 옳다. 어설픈 교육으로 효과도 없고 시간과 예산만 낭비하는 일은 없어야 한다.

(5) 행정지도 감독, 교육

예산지원이 있으면 책임성과 투명성을 위한 지도 감독이 필요할 것이다. 그러나 자원봉사센터의 목적사업과는 관련성이 적은 요구(관행사 동원 요청)와 숫자에만 급급한 평가, 평가의 애매한 기준(시정방침에 맞춘 기준), 그리고 자원봉사를 값싼 '노동' 또는 '예산 절감용'으로 보는 인식 등은 자원봉사자와 자원봉사 관리 종사자들을 허탈감에 빠지게 한다. 그러다 보니 실적에 급급해서 등록된 자원봉사자 숫자나 사업의 횟수와 규모 불리기 등 사업실적 보고에 있어 인력을 소모하고 있다. 특히 지방자치단체가 직영하는 자원봉사센터일수록 숫자적인 업적에 집착이 커서 자원봉사참여자 또는 등록자의 숫자가 허수인 경우가 많다. 이런 문제점을 개선하기 위하여 지방자치단체의 한 부서가 자원봉사센터 역할을 하는 것, 즉 자원봉사센터를 직영하는 것을 지양해야 된다고 보며 이러한 원칙을 행정자치부의 자원봉사센터에 관한 정책 수립 시에도 반영해야 될 것이라고 본다. 한편 센터가 정착되는 3년째부터는 비용효과에 대한 평가를 할 필요가 있다. 자원봉사의 가치를 참여자 수와 활동시간을 금전적 가치로 환산하여 지역경제와 지역주민의 삶의 질, 결속력 및 연대감에 미친 영향을 주기적으로 평가할 때 자원봉사의 가치가 드러나고 참여율이 높아진다.

(6) 자원봉사 인프라

① 전국자원봉사센터 설립 지원

전국자원봉사센터의 필요성과 정부가 설립·운영의 재정지원을 해야 한다는 주장은 지금까지 자원봉사계에서 줄기차게 제기되어 왔다. 지금 지역자원봉사센터들은 기술·상담·훈련 등의 지원을 받을 곳이 없다. 또한 국가 정책 수립에 있어서도 주도적 역할을 하고 전국캠페인을 하거나 IYV2001사업을 추진할 구심점이 없다. 이 모든 일이 제대로 되려면 정부의 지원을 받으면서도 독립적으로 운영되는 전국자원봉사센터가 설립되어야 한다. 그리고 향후 설립될 지역센터나 현재 운영 중인 센터들도 독립된 인사권, 예산 수립 및 집행권, 프로그램 기획 및 실행권 등이 주어지는 것이 바람직하다.

② 네트워크 수립에 대한 지원

우리 정부, 특히 정보통신부는 저소득층 주부, 어린이와 장애인들에게 무료 컴퓨터 교육 및 컴퓨터를 꾸준히 보급해 왔다. 수십만 명의 주부와 어린이들에게 컴퓨터를 무료로 보급하고 교육시키는 것도 중요하지만, 사회공익활동에 헌신하는 단체들에게도 배려가 주어진다면 보다 큰 상승효과도 기대할 수 있다. 또 자원봉사자 관리, 원거리 교육 단체와 단체를 연계해 주고, 정보를 교환할 수 있는 소프트웨어 개발도 지원된다면 네트워크 형성 및 네트워킹 효과도 클 것이다. 이 부분에 대한 정부 지원이 이루어질 때 조심할 것은 모든 데이터를 중앙화하여 통제하려는 무리수를 두지 말아야 한다는 것이다. 네트워킹 이외에도 최근 관심이 높아지고 있는 자원봉사 마일리지,

타임달러, 서비스 저축, 품앗이 등이 지역 또는 전국 차원에서 효과적으로 활용될 수 있는 시스템 개발도 지원해야 한다.

(7) 인센티브

국가 차원에서 제공할 수 있는 인센티브는 원칙적으로 무보수라는 자원봉사 정신이 훼손되지 않도록 명예에 국한함이 바람직하다. 반면 예외도 많다. 가난하지만 건강한 노인을 위한 자원봉사 프로그램(미국의 FGP, SCP)이나 젊은 청년층에게 사회를 위한 자원봉사 기회를 주고 활동기간 중 생계비 지원과 학비 일부 제공 등의 혜택을 줄 수 있다. 또 기업자원봉사를 장려하기 위하여 기업에 세금감면이나 다른 혜택(공개입찰 또는 정부 프로그램 참여)을 줄 수도 있다. 일반적으로 자원봉사활동을 할 때 사고에 대한 두려움 없이 할 수 있도록 최소한의 보험과 법적 보호가 필요하다. 기업에 대해서도 자원봉사활동 프로그램을 공식적으로 하도록 세금공제 및 다른 혜택으로 유인하고 특히, Orphan drug을 개발하는 제약회사에 주는 혜택처럼 이윤이 안 날지도 모르는 자원봉사자 보험업무를 하는 기업들에 대한 배려가 정책적으로 있어야 한다. 미국은 이미 자원봉사자의 경비를 세금에서 공제해 주고 있으며 대부분의 주정부는 최소한의 보험을 요구하고 있다.

2. 국가봉사 프로그램의 수행

자원봉사는 가치 지향적이기 때문에 국가도 직접 운영하는 국가봉사 프로그램을 만들 수 있다. 현재 우리나라는 해외자원봉사 프로그램(KOICA운영)을 가지고 있지만 국내 자원봉사 프로그램은 없다.

따라서 상기 내용을 토대로 자원봉사와 지역어메니티[6]의 결합을 통한 '볼런투어리즘(volun－tourism: 자원봉사관광)'의 부문별 활성화 방안을 정리하면 다음과 같다.

1) 8거리 개발과 연계

(1) 하드웨어 부문

① 농촌정비사업 시설부문[7]과 자원봉사 시스템 정비

지역 혁신을 위한 농촌 어메니티정책의 적극적인 실현을 위해서는 농촌정비사업과 관련된 사업지침, 법률, 조례의 검토와 보완이 필요하다. 현재 농촌어메니티 정책의 수행과 관련해서는 사실상 사업지침의 형태로 시행되고 있다. 즉 농촌정비에 관련된 사업은 시대적 상황에 따라 불가피한 변화가 수반되기 때문에 부처별로 사업지침을 만들어서 시행한 것이다. 하지만 지방화시대에 있어서 중앙정부 중심의 하향

---

6) 농산어촌 어메니티 활용정책은 인간과 환경의 공존 시각을 유지하면서 농촌 내부의 신성장동력원의 개발과 계속적인 파생가치의 유도를 통해 내생적 지역 개발을 꽤하고자 하는 논리와 맥을 같이하고 있다. 농산어촌 어메니티 자원 개발을 활성화하기 위해서는 첫째, 국토 전반에 걸친 새로운 시대 변화와 국민의 요구에 부응할 수 있도록 농산어촌 계획 및 지역개발 패러다임을 전반적으로 새롭게 할 필요가 있다. 또한 도시 · 지역계획과 농촌계획이 유기적으로 계획되고 관리될 수 있도록 지속 가능한 발전전략도 모색해야 할 것이다. 둘째, 지역의 재발견으로부터 지역주민이 참여하는 어메니티 계획이 입안되도록 해야 한다. 어메니티 자원은 신규 개발보다는 기존의 시설과 자원을 재발굴하고 복원 · 창조 · 융합하는 것을 대상으로 하여야 한다. 셋째, 어메니티 요소 개발과 창출모델 개발이 요구된다. 어메니티 개발은 농산어촌의 생활환경 및 공간의 질 개선과 지역경제 활성화와 브랜드 창조 등을 핵심으로 지역별로 다양한 주체에 의해 개성 있게 창출되어야 한다. 넷째, 어메니티 시장촉진책 및 각종 규제와 인센티브 등 지원책이 마련되어야 한다. 어메니티의 상업적 가치를 향상시키기 위한 지원책, 어메니티 유지와 가치 현실화를 위해 공급자와 수혜자 간 자발적 규제와 협약체계, 네트워킹, 어메니티 자원을 보전 · 유지하기 위한 규제정책과 인센티브 등의 방안이 마련되어야 한다. 다섯째, 어메니티 혁신을 위한 인식 제고 및 주민참여 확대를 위한 인적 · 재정적 · 제도적 토대가 마련되어야 한다. 여섯째, 지역의 자긍심과 마을공동체 문화 만들기가 필요하다. 우리 지역 바로 알기와 즐거운 마을 만들기 등 공동체이야기 사업 추진, 평생학습 추진방법들, 다양한 참여프로그램을 강구해야 한다.

7) 윤원근, 농촌의 계획적 개발 및 활력증진을 위한 제도 모색, 한국농촌경제연구원 · 새국토연구협의회 발표자료(2003. 10.) 참고.

식 방식으로 농촌정비사업을 해나가야 하는가에 대해서는 의문이 생긴다. 그리고 지침의 특성상 농촌취락의 토지 이용에 대한 규제적인 규정을 둘 수 없기 때문에, 주민에 대한 강제력이 결여되어 있다.

법률의 경우, 국토계획법을 제정하여 농촌 지역에 대한 계획제도의 도입과, 취락지구의 지정을 통한 제도적인 장치를 보완해 나가고 있다. 특히 일반적인 농촌마을에 대하여 취락지구를 지정하는 것이 가능하다. 그리고 제1종 및 제2종 지구단위계획을 수립할 수 있도록 하고 있다. 그러나 일반 농촌마을에 대한 취락지구의 지정이 가능하다는 규정만 있을 뿐 이를 어떻게 운용할 것인가에 대하여는 준비가 되어 있지 않다. 전국의 취락 중에서 어떤 취락을 대상으로 취락지구를 지정할 것인지, 그리고 그러한 취락지구의 토지 이용을 어떻게 할 것인지, 그리고 주변의 농경지와의 관계는 어떻게 할 것인지 등을 해결해야 할 것이다.

조례는 현실적으로는 법률의 수권에 의해서만이 주민에 대한 토지 이용상의 강제적인 규정을 둘 수 있기 때문에, 중앙정부의 지침이나 법률에 의한 규제와는 다른 농촌취락의 토지 이용에 대한 규정을 하지 못하고 있다.

그러나 향후 농촌 어메니티 정책의 수행 및 계획적인 토지 이용은 현재의 지침행정에서 법률 및 지방정부의 조례에 근거한 사업으로 변화되고 이를 보완하는 제도적인 장치로서 중앙정부의 사업지침 및 지방정부의 사업요강이 요구될 것이 분명하다. 따라서 종전의 지침행정에서 법률 및 조례에 의한 행정으로의 개선, 농촌정비사업 관련 계획 수립에 대한 준비 및 제도적인 보완, 조례를 통한 지방정부의 독자적이고 다양한 농촌정비제도의 모색, 지방정부의 개발지도요강의 적용 등 농촌정비 사업에 관련된 궤도 수정이 요구된다.

한편 다양한 사회적 변화의 모습 속에서 자원봉사활동은 인간애를 기본으로 한 자선의 형태에서 현대의 산업화·도시화·비인간화로 인한 각종 사회문제를 해결한다는 더욱 적극적인 의미에서 다양한 필요성이 제기되고 있다. 최근에는 자원봉사활동이 새로운 삶의 양식을 제시할 수 있다는 기대를 받기에 이르렀다. 이러한 변화는 자원봉사에 대한 새로운 인식의 창출, 자원봉사 프로그램의 새로운 방향, 자원봉사자의 새로운 역할의 필요성 등을 깨우치면서 현대사회에서 자원봉사의 중요성을 심화시키고 있다. 이처럼 자원봉사자들은 끊임없이 사회를 변화시키고 또 사회에 의해서 끊임없이 변화된다.

이러한 측면들을 모두 고려해 볼 때, 자원봉사활동에서 가장 중요한 점은 아마도 자원봉사활동을 원하는 사람과 자원봉사활동이 필요한 기관을 연결시키는 노력일 것이다. 다양한 분야에서 의미 있는 경험을 할 수 있는 많은 지역사회·국가·국제조직들이 자원봉사자들을 기다리고 있다. 자원봉사활동의 지속적인 전개와 활성화를 위해서는 자원봉사활동의 매력적인 요소를 새로이 개발하고 유지시키는 새로운 접근방법이 필요하다. 특히 현재 활동에 참여하고 있지 않는 사람들을 참여시킬 수 있는 새로운 방법을 찾아내는 일이 가장 중요하다.

미국과 일본 등 선진국의 경우 성인의 30~50%가 자원봉사에 참여하고 있는 반면 우리나라의 경우는 15% 정도밖에 되지 않는다. 이제 우리나라 국민들도 자원봉사활동의 사회적 요구에 부응하여 적극적으로 참여해야 할 필요가 있다. 자원봉사활동의 영역도 현재는 사회복지 분야를 중심으로 이루어지고 있으나 교육·보건·문화·스포츠·환경보호·공공사업 등은 물론 지역어메니티와 연결시켜 봉사와 관광을 결합한 볼런투어리즘 영역으로 확대되어야 할 필요가 있다. 따라서 농촌정비사업부문과 자원봉사 시스템[8]의 현실적인 결합은 끊임없이 연구해야 되는 공통적인 과제라 할 수 있다.

② 그린마케팅체계 구축사례

태안군의 경우, 지역과 품목으로의 경쟁은 한계가 있다. 즉 태안이라는 지역과 품목의 한계를 '뉴-어메니티'라는 역동성으로 부가가치를 창출해야 한다. 그렇게 함으로써 태안지역의 볼런투어리즘이 성공할 수 있다. 이제는 태안의 향수에 호소할 시기는 지났다. 이제 지역커뮤니티도 변하고 있다. 해피 700평창, 함평나비축제, 청평의 아침고요수목원은 도로망과 조림, 팬션 등 도시의 기획디자인이 농촌 지역에 적용됨으로써 도시민들에게 인기가 있다. 따라서 지역특화품목＋역사성＋문화성이 접목된 지역그린마케팅체계가 구축되어야 한다.

지역그린마케팅은 경영학적 마케팅 원리를 지역농업에 도입하여 현존하는 위기를 극복하고 지속적입 발전을 추구하려는 자율적 발상에서 시작된다. 기업은 소비자가 원하는 신제품을 개발하여 시장을 공략하고 아윤을 추구한다. 이를 위해 소비자 중심의 마케팅을 수행하고 있다. 농업상품시대의 지역농업도 수익 창출이 궁극적 목적이

---

8) 충남 태안 앞바다 원유유출사고 한 달여 만에 자원봉사자 등 복구작업 투입 인력이 100만 명을 넘어섰다고 한다. 언론, 정부, 민간단체, 기업 등 각계각층의 동참에 이어 갖가지 제도적 조치들도 잇따르고 있다. 하지만 자원봉사 인구의 증가에 비해 정부의 사회복지 재정규모는 턱없이 부족한 실정이다. 소위 선진국이라고 말하는 나라에서는 제4의 물결, 곧 자발적 서비스, 자원봉사문화가 우리보다 한 단계 위에 있다. 최근 국제노동기구기준에 의한 한국의 사회복지재정 규모를 보면, 스웨덴 GDP의 40.1%로 한국의 3.55%의 11.3배, 독일은 7.4배, 영국은 6.1배, 그리고 일본은 6배 정도의 지출을 더 많이 하고 있다. 일본은 고베 지진과 미쿠니 사건을 계기로 자원봉사문화가 한 단계 높아졌다. 1998년엔 비영리단체(NPO)법을 만들어 자원봉사단체의 법인 등록과 세금 감면 길을 열어 줬고, 자원봉사가 생활화된 미국에선 성인의 절반이 일주일에 3~4시간씩 봉사활동을 한다고 한다. 이러한 시점에 시급한 것은 자원봉사문화를 한 단계 높여 사회봉사서비스 수요를 충족시켜 주는 일이다. 이를 위해서는 양적 성장을 넘어 진정한 의미의 질적 시스템 정비가 무엇보다 중요하다.

다. 따라서 경영학적 마케팅 원리를 지역농업에 응용하는 것이 당연하다. 다시 말하면 소비자의 요구와 욕구를 발견하여 새로운 가치를 창출하고, 틈새시장을 개척하여 거래관계를 유지함으로써 수익창출 능력을 확보해야 한다.

그러나 지역농업은 식량공급이라는 사회적 책임 등 기업과 다른 공공의 특성이 있기 때문에 기업마케팅과 다른 원리가 적용되어야 한다. 이 점에서 민·관·학 간의 협동론적 노력이 요구된다. 이러한 배경에서 지역그린마케팅은 자원봉사 시스템과 연결시켜 새로운 볼런투어리즘의 목표로 접근되어야 한다. 지역그린마케팅은 세 가지 본질적 요소9)로 구성된다. 이는 태안군이 중심이 되고 지역 내의 농업지원 주체들의 파트너십을 발휘하는 분업적 역할을 기대한다. 군농정은 이러한 과정을 통해 수익 창출 능력을 확보할 수 있으며, 국내 시장활동을 통해 축적된 경쟁력을 토대로 해외시장에 도전하고 이로써 지속적인 지역농업 발전을 추구하여야 한다. 이와 관련된 전략적 출발점은 그린농업관광마케팅이 되어야 한다. 그 이유는 글로벌 농업이 친환경농업으로 전환되고 있고, 국내 소비자들도 위해요소가 없는 식품을 안정적으로 공급받기를 원하기 때문이다. 이와 함께 수도권 도시민의 휴양 및 관광욕구를 태안지역의 자연자원을 통해 상품화하는 것은 지역 발전에 아주 유용하다. 이 경우 지역농정은 우선 태안지역 관광 회복의 중요한 과제가 되므로 지역농촌관광을 자원봉사와 연계시켜 일반관광과 차별화하는 것이 중요하다. 이를 위해서는 태안지역에 도시생활 일상에 필요한 이용·편익시설을 증대시켜 농어촌문화

---

9) 이는 첫째, 소비자의 요구와 욕구를 충족시킬 수 있는 새로운 가치의 창조, 둘째, 틈새시장 개척을 위한 일련의 마케팅 활동, 셋째, 지역농업관련주체들의 협동적 노력 등이다.

와 조화를 이루도록 하며, 이를 통해 도시로부터의 자원봉사자의 충분한 공급을 기대할 수 있다. 이러한 관계는 도시와 농촌의 평면적인 교류 차원을 넘어, 봉사와 관광이 결합된 시장원리에 입각한 신뢰와 선호에 따라 태안지역 공간에서 여가를 매개로 한 공동의 삶을 기대할 수 있고, 평생고객으로서 공생관계를 유지하여 태안지역의 관광이미지 개선 및 관광활성화에 기여할 수 있을 것이다.

(2) 소프트웨어 부문

① 8거리 개발 평가 시스템[10]

지금까지는 주변 권유에서 시작했던 자원봉사 동기가 '볼런테인먼트'(자원봉사+즐거움)로 가면서 점차 여가활동의 한 분야로 자리매김하고 있는 현상이 나타나고 있다. 이런 즐거움을 유도하는 마을가꾸기 핵심수단은 8거리 개발 중 특히 지역창조요소 개발 부문이다. ❶ 볼거리: 경관, 집락, 사람, 농촌 등, ❷ 먹을거리: 토속, 향토음식, ❸ 쉴 거리: 향토성, 서정성, 전원성, 편락성, 쾌적성, ❹ 알 거리: 지역, 개인사, 전설, 민요, 약효, 술, 그리고 외지인이 모르는 이야기 등으로 스토리 브랜드 만들기, ❺ 할 거리: 타지불가(他地不可)의 독특한 취미나 창작, 전통놀이(만들어야 지역특화 가능), ❻ 일거리: 농산어

---

10) **농촌 어메니티(자원)와 8거리와의 관련성**: 농촌 어메니티를 활성화하기 위해서는 휴먼웨어 측면(개별 농가의 주민자발성 유도전략)을 포함한 마을가꾸기 개념으로 지역을 인식해야 한다. 농촌마을거리 가꾸기의 내용에는 역사, 가로, 경관, 지역문화, 예술, 전통예능, 식, 특산품, 이벤트, 축제, 스포츠, 관광, 리조트, 테마파크, 녹지 정비 등 분야가 있다. 이 분야는 각각 전문성을 가지고 각기 다른 사업 영역을 가지고 있지만, 농촌지역 발전의 기본이 되는 향토자원(어메니티)을 발굴한다는 데 공통점이 있다. 예컨대 소득과 여가 요인을 매개체로 하여 도농복합화를 꾀하고, 도농 간의 지속적이고 반복적인 교류를 유도하며, 농촌의 지역 창조요소를 발굴·발전시키는 한편, 도시민들이 만족할 수 있는 다양한 체험 거리를 제공한다는 점에서 농촌어메니티와 깊은 연관이 있다. 특히 본 연구자는 8거리 테마 개발을 마을가꾸기 핵심사항으로 간주했다.

촌에서 노동을 수반하는 체험(농촌의 가치인식, 노동의 신성함), ⑦ 놀 거리: 재미와 감동＋정보와 교양을 주는 놀이, ⑧ 팔 거리: 7거리를 통해 지역자산의 가치 증진과 농산물을 부가가치를 만들어 판매하자 등이다.

이 같은 8거리 개발은 마을가꾸기 6원칙이 뒷받침되어야 한다. 즉 ❶ 농촌역사와 경관, 지역을 즐길 수 있는 개발, ❷ 환경 보전이나 휴양에 기여할 수 있는 개발, ❸ 지역분위기에 조화될 수 있는 디자인, ❹ 지역경제에 기여할 수 있는 투자, ❺ 농촌관광에서 이익을 얻은 자의 책임의식, ❻ 마케팅과 계몽활동의 필요성 등이다. 하지만 작금의 농촌은 대규모 자본을 유치해서 자연환경 파괴 등의 부작용을 유발하는 관광시설 중심의 하드웨어적 개발에만 치중한 나머지, 지역고유의 특성이나 자연자원을 최대한 활용한 8거리 개발에는 소홀히 하는 경향이 있다. 현재로선 경향신문 유상오 전문위원이 제안한

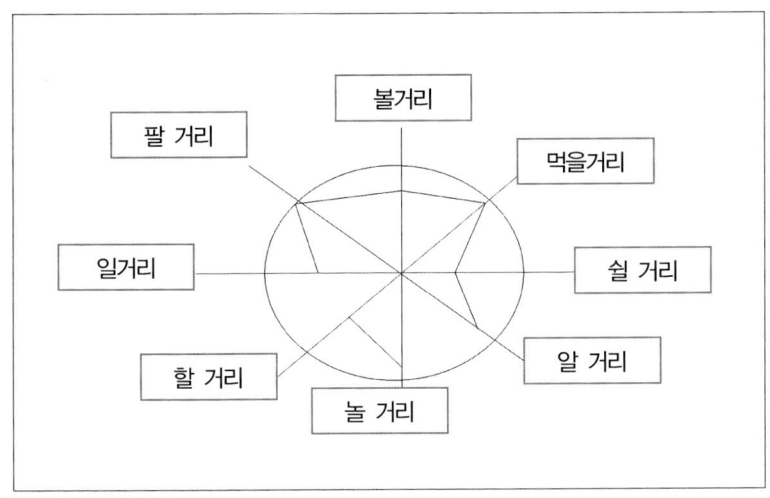

〈그림〉 8거리 개발 평가 시스템

<그림> 8거리 평가 시스템만이 존재할 뿐이다. 앞으로 8거리와 오감의 복합화를 통한 농산촌 테마개발을 어떻게 진전시키느냐에 따라 앞서가는 마을과 뒤처지는 마을로 구분될 것이다.

② 8거리 개발 프로그램 부문 중 지역창조요소 개발[11]

그동안 농외 소득증대 차원에서 추진해 온 우리 관광농업은 경영능력 부족과 과다한 시설 투자로 운영이 부실하고, 개별사업자 중심의 지원으로 지역과 연계되지 못하였다. 무엇보다 주요 고객층인 도시민의 요구가 반영된 농촌관광 자원을 활용할 수 있는 프로그램 개발이 미흡하다는 것이 큰 문제다. 이제 농촌의 다양한 자연경관과 생태, 문화자원 등에서 차별화된 가치와 가능성을 발굴하여 도시와 농촌이 교류함으로써 농촌 활성화를 도모하는 새로운 농촌관광 전략이 요구된다. 즉 개별농가 중심, 숙박 중심의 관광에서 탈피하여 '자연환경＋농특산물＋전통문화'를 토대로 먹을거리＋볼거리＋쉴 거리＋알 거리＋할 거리＋놀 거리＋일거리＋살 거리 등 8거리 자원 중 지역창조요소 (쉴 거리＋알 거리＋할 거리＋놀 거리＋일거리＋살 거리)를 개발하는 것이 도시와 교류하는 농촌 활성화 전략이다. 이로써 오늘날 당면한 도시민의 여가욕구 충족, 농외소득 증대, 국토의 균형 개발, 환경보전 등 다면적인 목표를 달성할 수 있을 것이다. 따라서 필자는 지역창조요소 개발을 위한 마을가꾸기 사전 진단방법을 제안하고자 한다.

---

11) 현재 일반화되는 그린투어리즘의 프로그램은 크게 3가지 종류(숙박, 식사, 농가체험)로 나누어 볼 수 있다. 예를 들어 농가 민박시설은 숙박 프로그램과 농가에서 생산되는 토속음식을 통한 음식 제공 농가체험 등을 중심으로 하는 여가형태이다. 그러나 필자는 여기서 이 3가지 프로그램으로 그린투어리즘이 성공하기는 어렵다고 생각한다. 즉 관광에서 느낄 수 있는 거리를 총체적으로 만족시켜 주어야 한다.
여기서 7거리의 개념이 나오게 된다. 7거리의 개념과 전개에 대해서는 다음 장에서 체계적으로 설명하겠다. 8거리란 좀 더 심화되고 확장된(Extended) 차원에서 농촌 어메니티의 프로그램을 전개시켰다는 점에서 차별성이 있다.

먼저 진단방법으로 ❶ 마을가꾸기의 힘을 결정하는 4가지 요인에 대한 설문조사가 필요하다.

〈표〉 마을가꾸기의 힘을 결정하는 4가지 요인

설문번호	4가지 요인	내용
Ⅰ(1~10번)	목표적 요인	마을구성원은 마을가꾸기의 목표를 어느 정도 이해하고 있으며, 그것을 달성하기 위한 의욕은 어떠한가.
Ⅱ(11~25번)	구조적 요인	마을구성원이나 마을풍토에 영향을 끼치는 여러 가지 요인들은 어떻게 되어 있는가(마을구조, 규칙, 제도, 사업의 흐름 등).
Ⅲ(26~35번)	인간적 요인	마을구성원의 특질은 어떠한가(능력, 의욕, 행동경향 등).
Ⅳ(36~50번)	풍토적 요인	마을 특유의 분위기, 관행, 규범, 사고방식 등은 어떠한가.

❷ 마을가꾸기의 힘을 결정하는 4가지 요인별로 점수를 합계한 후 평균점을 계산한다.

❸ 평균점에 의하여 문제의 정도를 다음과 같이 해석한다.

〈표〉 평균점에 의한 문제 정도

4가지 요인별 평균	문제의 정도
4.1~5.0점	아주 양호
3.1~4.0점	양호
2.1~3.0점	조금 문제
2점 이하	크게 문제

진단 결과는 다음과 같은 <표>로 나타낼 수 있다. 즉 (A)마을 구성원을 대상으로 마을가꾸기의 힘을 결정하는 4가지 요인(목표적 요인, 구조적 요인, 인간적 요인, 풍토적 요인)에 대한 설문 분석 결과는 다음과 같다.

〈표〉 (A)마을의 요인별 분석

〈진단치 수준: 1~5점〉

구분			목표적 요인	구조적 요인	인간적 요인	풍토적 요인	계
성별	남자	(A)마을	3.6	3.4	3.4	3.4	3.5
		전국평균	3.6	3.1	3.3	3.2	3.3
	여자	(A)마을	4.0	3.7	3.7	3.7	3.6
		전국평균	3.8	3.6	3.3	4.0	3.7
유형별	일반농가	(A)마을	3.5	3.6	3.6	3.7	3.6
		전국평균	3.5	3.2	3.6	3.2	3.4
	신규농가 (귀농인)	(A)마을	3.7	3.7	3.4	3.6	3.6
		전국평균	3.9	3.6	3.0	4.0	3.6
월소득	100만 원 미만	(A)마을	3.9	3.7	3.7	3.6	3.7
		전국평균	3.4	3.3	3.2	3.5	3.4
	100만 원 ~300만 원	(A)마을	3.7	3.5	3.5	3.5	3.6
		전국평균	3.6	3.6	3.5	3.6	3.6
	300만 원 이상	(A)마을	3.8	3.6	3.6	3.8	3.7
		전국평균	4.0	3.3	3.1	3.7	3.5
계		(A)마을	3.7	3.6	3.5	3.6	3.6
		전국평균	3.7	3.4	3.3	3.6	3.5

주) 전국평균은, 2008~2010년 전문경영인과정에 참여한 지역농협 상임이사 및 전무가 속한 188개 지역농협 (본소 50개, 지소 138개)관 내 농업인조합원을 대상으로 분석한 표본 평균 결과임.

다음으로 8거리 개발 평가 시스템을 통한 (A)마을의 현재 보유수준을 파악할 필요가 있다.

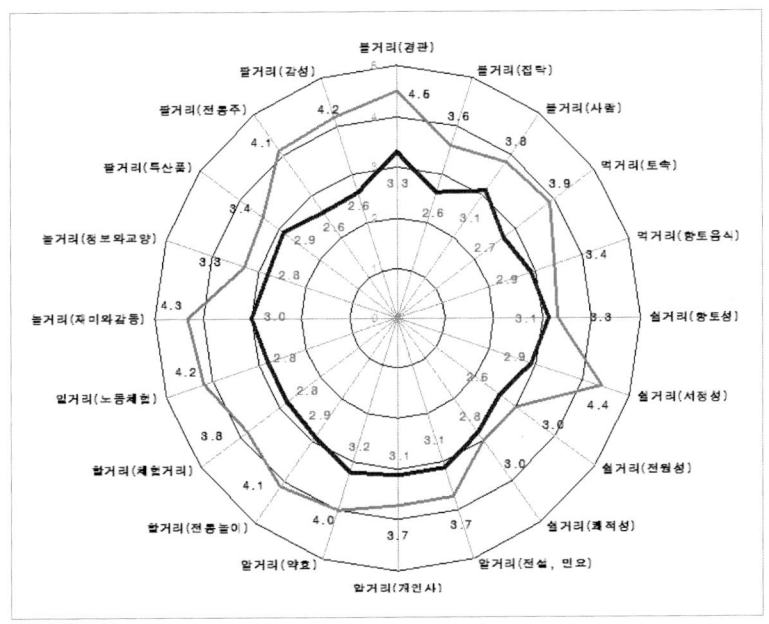

〈그림〉 8거리 내용 조사결과 현재 보유수준[12]

2) 봉사학점제와 연계

(1) 농촌체험, 농촌자원봉사를 '봉사학점제'와 연계

도시 청소년과 중·고학생의 대상에 맞는 농촌문화체험, 농촌자원
봉사 등을 '봉사학점제'와 연계시킨 프로그램을 적극 개발해야 한다.

일본의 경우 이러한 농촌체험 학습의 교육적 가치를 높이 평가해
초등학교의 70%가량이 농사체험 학습을 실시하고 있다. 특히 3년 전
부터는 농촌체험 학습을 보다 적극적으로 추진하기 위해 '종합학습

---

12) 바깥쪽 선은 요구수준을 나타내고, 안쪽 선은 해당 마을의 현재 보유수준을 나타낸 것임.

시간'이라는 과목을 신설, 정규 교육의 하나로 편성했다. 또 산촌 유학 프로그램이나 그랜드 투어(Grand Tour)를 가능케 한 체계적인 체험학습장 등을 들 수 있다. 특히 독일·일본·러시아 등은 일찍부터 소규모 농업생산 공간을 조성해 일상생활에서 농촌을 가까이하는 것을 중시해 왔다. 독일 클라인가르텐 400만 개소, 일본 시민농장 15만 3,000개소, 러시아 다차 3,200만 개소가 그것이다.

(2) 볼런투어리즘(Volun-Tourism) 사이트 맵[13] 정비

국내외적으로 보면 주요 홈페이지에 '청소년 창' 마련 붐이 일고 있다. 미국의 백악관이나 우리나라의 청와대의 '청소년 창'을 보면 청소년 눈높이에 적합한 맞춤식 창으로 되어 있다. 반면 지역정보화마을을 소개하는 '인빌(Invil)'의 메인화면(http://www.invil.org)은 노령화를 면치 못하고 있다. 따라서 다음과 같은 '청소년 창' 개발이 필요하다.

---

13) 가족단위 봉사자들은 현재 사회복지기관에서 각종 돌봄 봉사를 하거나 여름에 농촌봉사, 환경봉사를 하는 경우가 많다. 이와 함께 한국자원봉사센터협회 가족자원봉사단은 부모님의 직업에 따라 의료봉사나 이미용, 문화해설 등을 하면서 나머지 가족들이 보조하는 봉사도 가족들이 하기에 유용하다고 권한다. 음악 하는 가족이라면 가족음악회를 할 수도 있다. 온라인상에서 자원봉사를 연결시켜 주기도 하는 열린이웃(www.opennb.com)은 봉사하면서 가족들도 함께 즐길 수 있는 프로그램들을 마련해 놨다. 강사를 초청해 천연염색이나 실내외 화단 꾸미기, 목공예 만들기 등을 함께 하면서 만들어진 창작물은 수혜자 측에 기부하거나 바자회 물품으로 사용할 수 있는 DIY봉사가 요즘 인기다. 또 시설외관에 벽화를 그리거나 인테리어를 장기적으로 진행하는 봉사도 있고 집이나 동네에서 파티를 열고 초대하거나 벼룩시장을 함께 열어 수익금을 전달하는 축제형 자원봉사도 개발했다. 최근 몇 년 새에 가족자원봉사에 대한 관심이 늘어나면서 가족의 상황에 맞는 봉사터전을 연결해 주는 단체들도 많이 생겼다. 봉사터전은 먼저 즐거움이 뒤따르는 분야를 택하는 것이 중요하다.

〈표〉 볼런투어리즘(Volun‑Tourism) 사이트 맵(예시)

대분류	중분류	소분류	세부분류
콘텐츠 (Contents)	전문성	정보의 충실성	항목별 기본정보
			목록/DB/지도/예약시스템/온라인 거래지원
		정보의 신뢰성	요금/문의전화/실명제/
		정보의 호환성	공통적 자료의 사이트 공유 여부
		정보의 특이성	지역적 특이/고유정보
		신속성(Update)	자료갱신주기/갱신날짜 기록/오기의 최소화
	유용성	기술적 콘텐츠	동영상/VR/온라인방송/자동응답
		부가정보	기상정보/여행상식/자원봉사
		자료실	다양한 자료/최신자료/통계자료
사용자 편의 (Interface)	구조성	접근용이성	쉽게 접근/깊이/사이트맵/타이틀제목
		위치 접근성	사용자위치파악
		다양한 연계성	관련포탈연결/하이퍼링크
		표준화정도	홈페이지 표준화정도
	사용성 편의성	사용성	간결/주관적 단어배제/중립적 어휘
		편의성	도움말지원/사용자실수확인/관련오프라인처리
		항해(검색/탐색)	부가적인편의성/즐겨찾기
디자인 (Design)	은유성	은유성	은유적 형상화/브랜드를 대표하는 이미지
	편의성	가독성	해상도/아이콘/시각적심미감
	몰입성	계절성/접근성	접근 시 흥미/감동, 계절적 분위기
	일관성	일관성	전체통일성유지로 통합된 고유스타일
	명쾌성	명쾌성	적절한 여백/색상대비/단색광범위 사용
상호작용성	매개체	게시판	게시판의 활성화여부
			등록된 글과 사이트 주제와 연관성
	운영활성화	고객지원	게시판운영자 답변과 답변 성실도
			메일 또는 전화문의 시 답변 여부/성실성
			여론수렴을 위한 방명록

여기에 사이버 공간 마련과 더불어 마을정보를 뒷받침할 수 있는 인프라 구축은 당연시된다. '지역관광의 활성화'에 기여할 차세대 주인공은 바로 청소년이라는 사실을 반드시 주지할 필요가 있다. 특히 청소년은 가정 내 구매의사결정과정에서 상당한 영향력을 행사하고

있으므로 미래의 고객인 동시에 항상 부모와 함께 행동하는 특성이 있다. 따라서 청소년고객(미래의 신고객)을 위한 인터넷 마케팅이 요구된다.

3) 농촌 유학 시스템 구축

(1) 농촌학교 유학 프로그램 확대

도시 학생이 짧게는 10일, 길게는 1년 동안 농촌학교로 전학 와서 생활하는 적극적이고 능동적인 '농촌 유학' 시스템이 구축되어야 한다.

일본은 우리보다 한참 앞서 이런 일을 조직적으로 하고 있다. '산촌 유학'이라 불리는 일본 농촌학교 프로그램의 경우 도시에서 온 다양한 연령대의 아이들에게 1~3년 동안 농촌의 생활과 교육을 체험시키고 있다. 30여 년 전 1주간의 농촌체험으로 시작됐지만 지금은 정부와 단체의 지원을 받는 체계적인 유학 프로그램으로 발전했다. 1976년부터 지난해까지 일본에서 산촌 유학을 해 본 학교는 전국적으로 300여 곳에 이른다. 지난해만 187개 학교에서 880명이 산촌 유학을 경험했다.

현재 일본 산촌 유학은 행정이 주체인 곳이 20%, 지역주민과 학교가 주체인 곳이 60%, 민간단체가 주체인 곳이 20%다. 우리나라에는 일본과 같이 1년 단위로 도시아이들이 농촌에서 일상생활을 하면서 체험할 수 있는 프로그램이 전무한 실정이다. 다만 2002년부터 도농(都農)교류 학습이라는 이름으로 도시와 농촌 혹은 다른 지역의 농촌학교끼리 교류학습 프로그램을 추진하고 있다.

(2) 기타 휴먼웨어부문 강화

① 지역농어촌리더 양성을 통해 스타마을 육성

직장인들이 가장 즐거워하는 날이 '무두일(無頭日)'이라는 말을 들은 적이 있다.

'무두일'이란 조직의 리더나 윗사람이 출장이나 휴가로 자리를 비운 날을 뜻하는 조어다. 아마 수직적 리더십이 강한 조직 속에 몸담고 있는 부하직원일수록 그런 생각이 강할 것이다. 그래서 직장인에게 무두일은 행복하고, 일을 해도 즐겁다고 한다. 요동치는 도시환경 속 구직자들이 열릴 줄 모르는 취업문에 연신 눈물을 삼키는 현실에서 무두일이란 말이 여전히 감동으로 통용된다는 것이 내게는 딜레마다. 아마 직장인들이 그만큼 자아실현의 욕구와 수평적 리더십의 시대를 요구하고 있는 까닭일 게다. 그러나 정보와 지식이 넘쳐나는 지금의 세상은 다양한 문화와 경험을 제공하지만 이는 동시에 불확실한 미래에 대한 막연한 불안감 또한 갖게 만든다. 이 불안함은 우리 모두에게 유능한 리더십을 요구하고 있다.

그런데 진정 도시라는 세상은 많이 배운 낙오자들로 가득하다. 하지만 농촌은 그와 정반대다. 즉 사소한 일에까지 꼬치꼬치 신경을 써주는 깐깐한 리더는 찾아볼 수가 없다. 이런 농촌에 무슨 무두일이 필요하겠는가. 당장 농촌은 깐깐한 리더를 필요로 하는 유두일(有頭日)을 원하고 있다. 요즘 농촌엔 농촌관광 사업이 뜨고 있다. 농촌관광 사업이 농촌의 새로운 대안의 하나일 수 있지만, 돈이 쏟아지는 로또가 아님을 명심해야 한다. 녹색관광으로의 도전은 새로운 고통과 더 많은 인내가 동반되는 싸움이기도 하다. 오로지 농촌구성원의 인내와 농촌리더의 유능한 리더십만이 성공으로 가는 지름길이다. 재능은 하늘이 준 선물이다. 하지만 그 재능을 믿고 도시라는 전쟁터로 내몰리는 농촌리더들의 그 재능이 오히려 불행과 실패의 원인이 되고 있다. 지금의 시점에서 우려하지 않을 수 없는 부분은 과거 새마을운동처럼 '초가집도 없애고 마을길도 넓히는 데 앞장섰던' 농촌 지도자가 사라지고 있다는 데 있다. 특히 우리 농촌의 역사를 면면히 이어 온 다양한 가치와 정신들은 갈수록 실종되고 있다. 이제부터라도 농촌은 소득의 가치를 넘는 매우 소중한 사회적 자산임을 분명히 인식해야 한다. 이제 농촌 관광마을이라는 버스보다 농촌관광 버스를 운전할 수 있는 면허증을 가진 리더가 우선순위가 되어야 한다. 즉 똑똑한 리더가 앞에서 끌어 주고 마을주민들이 뒤에서 밀면 분명 농촌마을은 달라질 것이다.

지금까지 전국적으로 마을가꾸기가 활성화된 지역을 살펴보면 지역 리더의 역할은 절대적이다. 특히 리더를 중심으로 지역의 특성을 살린 농촌관광으로 새로운 전기를 마련하는 마을이 있는가 하면 농산물 유통사업, 사이버 팜구축으로 고부가가치를 창출하거나 계를 통해 출산장려금을 전달하는 등 저출산 문제 해결에 노력하고 있는 마을도 있다. 이런 변화는 활력이 떨어진 마을의 침체위기를 극복하여 아름다운 농촌을 살리고 희망을 심는 농촌을 만들고자 열망하는 마을주민들의 자발적인 움직임 때문이다. 따라서 농촌이 새로운 전기를 마련하기 위해서는 지역의 리더를 발굴하고 육성하는 문제가 가장 선결해야 할 조건이다. 다음으로 전문가 참여와 행정적 뒷받침이 필수다. 농촌이 활성화되는 것은 그곳의 마을 지도자와 주민들의 애틋한 노력이 그 바닥에 깔려 있다. 이들이 지치지 않으려면 주변의 관심과 협조, 전문가들의 참여, 행정의 뒷받침이 있어야 한다. 예컨대 확실한 인력정책의 도입, 농촌 지역 복지정책의 강화, 지역 리더의 발굴 및 육성, 산학 관련 지원조직체의 구성, 지역특성에 맞는 교육지원, 지역자원의 개발 등이 필요하다. 특히 지역 리더의 발굴 및 육성이 우선순위에서 밀려서는 안 된다.

② 자원봉사 정규 과목화 & 볼런투어리즘 학과 설치

생활화한 자원봉사 교육과 캠페인이 필요하다. 전문가들은 태안 사태가 한국 자원봉사의 잠재력을 보여 준 하나의 사건에 불과할 뿐이라고 말한다. 시스템화한 자원봉사 체계를 갖추기 위해서는 시간이 많이 걸릴 것이다. 따라서 앞으로는 생활화한 자원봉사자를 늘리는 데 초점을 맞추는 것이 중요하다. 또 이를 위해선 초중등교육 과정에서 자원봉사를 단순한 특별활동이 아닌 정규 과목화하는 것이 필요하다. 미국을 비롯한 선진국의 중고교에선 생물 과목을 들으며 가까운 하천에서 청소를 하는 식의 봉사활동을 연계시킨 '봉사학습(Service Learning) 프로그램'을 도입하고 있다. 반면 우리나라 중고교에선 봉사활동과 학습활동을 따로 생각하는 경향이 강하다. 앞으로 공부를 하는 과정에서 배운 지식을 자연스럽게 봉사활동에 응용하는 학습 프로그램을 개발해야 한다.

아울러 요즘 가요계에선 전문 트로트학과가 생겼다. 장기적으로는 트로트학 못지않게 '볼런투어리즘학' 설치도 고려해 봄직하다.

③ 기혼여성인력 활용 방안

근대화과정과 산업구조와 변화는 인적 자원의 소요를 자연적으로 급증시키고 기혼여성인력의 효과적인 활용을 요구하게 되었다. 여성의 교육수준 향상과 출산율의 저하, 근대적인 생산도구의 사용으로 인하여 유아 및 가사노동시간이 경감되고, 시간적 여유가 증대됨에 따라 미취업 고학력 기혼여성인력 활용의 문제가 제기되고 있다. 그러나 이들의 취업이 사회적 여건상 많은 어려움이 있어 기혼여성의 사회 참여와 자아실현욕구를 자원봉사자로 활용하는 것이 바람직하다고 본다.

기혼여성인력 조사[14]에 따르면, 시간과 생활의 여유가 있는 30대 여성 138명을 대상으로 자원봉사활동에 대한 인지 및 태도, 참여의향 등을 조사한 결과 자원봉사활동에 대한 인식은 94.9%로 매우 높았으나 자원봉사활동을 원하는 사람 중 32.5%가 자원봉사활동을 하기 위해 어디로 가야 할지 모른다고 답했으며, 대상시설을 활동하기 위한 장소로 제시한 사람도 13.2%나 되었다. 따라서 응답자들은 자원봉사활동에 대한 충분한 이해보다는 단편적인 지식만을 갖고 있으며 그 인식도 매우 낮은 것으로 나타났다. 즉 이들은 자원봉사활동을 가진 자가 불우하고 못 가진 자에게 자선을 베푸는 일로 생각하고 있음을 알 수 있다.

자원봉사활동에 대한 태도는 매우 긍정적인 것으로 나타났으며 여성의 사회 참여를 저해하는 가장 큰 요인의 하나라고 지적되고 있는 6세 미만 자녀 유무와 자원봉사활동 참여의향과의 관계를 보면 6세

---

14) 기혼여성인력활용과 자원봉사활동에 관한 연구, 노인복지실버산업연구, 2006. 1.

미만 자녀 유무에 관계없이 높은 비율의 참여희망의사를 보이고 있다. 본 조사에서 조사한 결과를 토대로 앞으로의 기혼여성인력의 자원봉사활동 참여 확대화 방안에 관하여 단기적인 방안과 장기적인 방안은 다음과 같다. 단기적 방안으로 기혼여성인력의 의식교육, 기혼여성인력 및 자원봉사활동 관장기관의 육성, 자원봉사자에 대한 포상 및 자원봉사자의 날 제정, 자원봉사활동에 대한 세제혜택 등을 고려해 볼 수 있고 장기적 방안으로 초중등 및 대학교육과정에의 자원봉사활동 이론 및 실습 삽입, 자원봉사활동 전문기구의 설치, 자원봉사활동의 사회경력화제도의 추진, 장기 자원봉사자들에 대한 경제적 지원을 들 수 있다.

　기혼여성인력을 자원봉사자로 활용함으로써 개인적으로는 사회활동의 기회가 없는 많은 여성들에게 자아실현의 기회를 마련해 주는 계기가 될 것이고 한편으로는 자원봉사자의 확대 및 활성화를 통하여 정부의 예산을 절감하면서 계속 증가하고 있는 복지 및 사회적 서비스의 수요를 충족시키고 지역사회의 발전은 물론 나아가서는 복지사회 건설을 촉진시키는 결과를 가져오게 될 것이다.

[제언]

　요즘 농업·농촌에 두드러지고 있는 종전과 다른 마케팅 가운데 하나가 바로 '지역을 팔자'는 것이다. 기존의 농산물 판매 개념이 '지역 농산물을 대도시에 내다 팔자'는 것이었다면 요즘 뜨는 트렌드는 '도시 소비자가 지역을 찾아와 즐기고, 사 가게 하자'는 개념이다.

자연을 소중히 여기고 그 속에서 생활문화를 즐기는 사람과 마을, 문화가 만들어지면 관광객은 저절로 오게 된다. 도시적 개발이 사람을 불러올 수는 있어도 감동을 전해 다시 찾도록 하지는 못한다. 잘 개발된 생태관광지는 다시 오고 싶은 곳, 여기서 살고 싶다는 생각이 드는 곳이다.

　　경기 안성시는 종전에는 '안성맞춤'이란 브랜드로 한우, 배, 포도, 쌀 등 지역특산물을 팔고자 했다면 요즘은 '안성의 모든 것을 팔자'는 슬로건 아래 '바우덕이 남사당패 놀이' 등 지역축제와 연계해 소비자를 지역에 끌어들이려는 부단한 노력을 기울이고 있다.

　　또 전남 진도군은 지산면에 위치한 소포만 어구의 대흥포 간척지를 역간척하여 생태계를 다시 복원한다는 계획이다. 쌀농사보다는 생태관광지로 꾸며 소득을 높여 보자는 얘기다. 과연 매년 생산되는 4억 원어치 쌀농사보다 생태관광지를 꾸미는 게 더 나을지?

　　30여 년 전 간척사업 이후, 갯벌은 물론 인근 해안의 어족자원이 점점 감소하여 왔고, 대흥포 한가운데 있던 개울물이 없어지고 다른 개울물도 규모가 작아지고 있다는 사실로만 보면 타당하다. 반면 인공평야 덕분에 하얀 쌀밥은 원 없이 먹었다. 그러나 확실한 것은 농지가 사라지고 난 후에는 다시 농지를 확보하기가 그리 쉽지 않다는 것이다.

　　타당성이 있고, 인류의 미래를 위해서 갯벌이 농지보다 나을 수도 있지만 기왕 농지로 탈바꿈하여 우리의 미래 식량공급지로서 활용할 수 있는 좋은 입지의 평야를 굳이 갯벌로 해야 하는가는 우리의 현재 가치보다는 미래가치를 위해서 신중히 결정해야 할 필요가 있다.

　　여하튼 지역 농산물과 체험 등을 종합적으로 연계한 '지역 마케팅'

은 앞으로 더욱 확산될 것임에는 틀림없다, 그리고 이런 '지역을 파는 전략'이 없는 지역이나 지자체는 지역 경기나 살림살이가 더욱 어려워질 것이 분명하다. 따라서 소비자를 지역에 끌어들이고 이를 마케팅과 연결하려는 노력이 지역마다의 경쟁력을 좌우하는 필수요소가 된 시대가 다가온 것이다.

따라서 향후 농촌관광 개발은 개별 사업자 중심이 아닌 마을단위의 관광 개발로 전환해야 하며, 이때 리더를 비롯한 주민들의 인식 전환과 참여, 공감대 형성이 중요하다. 실제로 주민들은 새로운 일에 대한 부담과 실패에 대한 두려움, 자신감 결여로 참여율이 낮으며, 주민 간의 갈등과 반목으로 이어지는 경우도 있다. 향후 정책은 공감대 확산, 추진체계의 정비, 인재 양성, 네트워크 구축 등 시스템적이고 소프트웨어적인 접근이어야 한다.

지역마다 소비자를 끌 수 있는 자원은 얼마든지 지니고 있다고 본다. 문제는 이를 구체화하고 상품화하려는 발상의 전환과 기발한 착상 등 지역주민의 부단한 노력이 전제돼야 한다는 점이다. 정부와 지자체의 정책적 지원 또한 다양한 지역 지원의 효과적인 결합과 상호 간 역할 분담을 통해 소비자들의 방문 수요를 이끌어 내도록 돕는 방향으로 집중돼야 한다.

이를 위해서는 행정 편의와 효율성보다는 지역 수요를 충족시키는 맞춤형 지원 시스템이 필요하다. 또한 지역주민은 물론 지방자치단체, 여행자, 연구자 등 이해당사자(stakeholders) 모두가 농촌관광의 목표를 공유하고 파트너로서 협력하는 것이 중요하다.

전성군

전북대학교 대학원(경제학 박사)과 캐나다 빅토리아 대학 및 미국 ASTD를 연수했으며, 농협대학 인재개발원 교수, 건국대학교 겸임교수, 전북대학교 겸임교수, 전북과학대 강사, 배재대학교 강사, 농협 정읍시청 지점장, (사)농산어촌어메니티연구회 운영위원, 농민신문 객원논설위원, 농협대학 객원연구위원 등을 역임하였으며, 현재는 농협중앙회 안성교육원 교수, 농진청 녹색기술자문단 자문위원, 시인(자유문예 작가협회회원) 등으로 활동 중이다. 생명자원경제 및 협동조합이론 전문가로서『초원의 유혹』,『초록마을 사람들』,『최신협동조합론』,『그린세담』,『농정 3분스피치』등 다수의 저서가 있다.

내 고향 천변 긴 언덕에 더 머물다 가고 싶다

초판인쇄 | 2011년 8월 26일
초판발행 | 2011년 8월 26일

지 은 이 | 전성군
펴 낸 이 | 채종준
펴 낸 곳 | 한국학술정보㈜
주　　소 | 경기도 파주시 교하읍 문발리 파주출판문화정보산업단지 513-5
전　　화 | 031) 908-3181(대표)
팩　　스 | 031) 908-3189
홈페이지 | http://ebook.kstudy.com
E-mail | 출판사업부 publish@kstudy.com
등　　록 | 제일산-115호(2000. 6. 19)

ISBN　　978-89-268-2479-5 13520 (Paper Book)
　　　　978-89-268-2480-1 18520 (e-Book)

이담 Books 는 한국학술정보(주)의 지식실용서 브랜드입니다.